NHK
ラジオ
深夜便

絶望名言

頭木弘樹
NHK〈ラジオ 深夜便〉制作班
川野一宇
根田知世己

飛鳥新社

はじめに

絶望の
言葉のほうが
心にしみるときも

頭木《かしらぎ》弘樹《ひろき》

この本は、『絶望名言』というラジオ番組の書籍化です。NHK「ラジオ深夜便」の中のコーナーのひとつです。

『絶望名言』——おかしなタイトルですよね。でも、たとえば失恋したときには、失恋ソングを聴きたくならないでしょうか？　それと同じで、絶望したときには、絶望の言葉のほうが、心にしみることがあると思うのです。

私自身も、そういう体験をしました。

絶望したときに、救いとなったのは、明るい言葉ではなく、絶望の言葉でした。前向きな言葉も、もちろん素晴らしいですし必要ですが、こういう番組も、あってもいいし、あってほしいと思ったのです。

「ラジオ深夜便」のディレクターだった根田知世己《こんだちよこ》さんが企画してくださって、この番組は誕生しました。根田さんあってこその番組です。「私は絶望しません」と明るくおっしゃる川野一宇《かずいえ》アナウンサーとコンビを組ませていただいています。

私は二十歳で難病になり、長い間、入院生活を送っていたのですが、そのときよく聴いていたのが「ラジオ深夜便」でした。なかなか寝つけないとき、イヤホンでこっそり聴いていました。その番組に自分が出ることになるとは思いもよりませんでした。当時の自分にも聴かせるつもりで、やらせていただいています。

ありがたいことに、番組は長く続いています。そして、書籍化されました。単行本が二冊出ています。今回はその文庫化です。新しく「宮沢賢治」の回を収録しました。これは文庫のみに入っています(逆に単行本にのみ「絶望名言ミニ」が入っています)。放送を完全収録し、さらにカットされた部分も入っていますので、完全収録+αです。ブックガイドも足しました。CD情報も足しました。

番組をお聴きになったことがない皆様にも、この本で『絶望名言』に出会っていただけることを、そして、出会えてよかったと思っていただけることを願っています。本を手にとっていただき、誠にありがとうございます。

目次

第3回放送　絶望名言　ゲーテ

第4回放送　絶望名言　太宰治

第5回放送　絶望名言　芥川龍之介

第6回放送 絶望名言 シェークスピア

第7回放送　絶望名言　中島敦

第8回放送　絶望名言　ベートーヴェン

第9回放送　絶望名言　向田邦子

第10回放送 絶望名言 川端康成

第11回放送　絶望名言　ゴッホ

第12回放送　絶望名言　宮沢賢治

カフカ

第1回放送
絶望名言

ぼくは人生に必要な能力を、
なにひとつ備えておらず、
ただ人間的な弱みしか持っていない。

（八つ折り判ノート）

無能、あらゆる点で、しかも完璧に。

（日記）

川野　病気、事故、災害、あるいは失恋、挫折、そして孤独。受け入れがたい現実に直面した時に、人は絶望します。

古今東西の文学作品の中から、絶望に寄り添う言葉をご紹介し、生きるヒントを探す、シリーズ『絶望名言』。川野《かわの》一宇《かずいえ》です。

解説、そして名言の選定は、文学紹介者の頭木《かしらぎ》弘樹《ひろき》さんです。

どうぞよろしくお願いいたします。

頭木　よろしくお願いいたします。

川野　頭木さんは、大学生の時に難病を発症し、十三年間に及ぶ療養生活を送りました。その経験から、悩み、苦しんだ時期に救いとなった言葉を「絶望名言」と名付けて、名言集『絶望名人カフカの人生論』を出版されました。

先日放送された「ラジオ深夜便」の『ないとエッセー　絶望したらカフカを読もう』でも、その名言をご紹介いただきました。

あらためてうかがいますが、この「絶望名言」とは、どういうものなんでしょう？

頭木　「名言」というと、普通は人を励まして、前に進ませてくれるようなものが名言だと思うんです。そういう名言ももちろん必要ですし、なくてはならぬものだと思うんです。たとえば「あきらめずにいれば夢はかなう」とか、「明るい気持ちでいれば、幸せなことしか起きない」とか。すばらしい言葉ですよね。

ただ時には、そういうすばらしい言葉は、ちょっとまぶしすぎることもあります。たとえば、どう頑張《がんば》っても夢がかなわなかった時に、「あきらめずにいれば夢はかなう」という言葉はやっぱりちょっと辛《つら》いですし、辛いことが起きた時に、「明るい気持ちでいれば、幸せなことしか起きない」と言われても、それはもうちょっと自分には遠い言葉ですよね。

たとえば、失恋した時には、やっぱり失恋ソングのほうが気持ちにぴったり来ると思うんです。悲しい時には、悲しい曲を聞きたくなるということありますよね。

それと同じで、辛い時には、絶望的な言葉のほうが心にしみて、逆に救いになる時があるんじゃないかなと思うんです。そういう言葉のことを「絶望名言」というふうに呼ばせていただいています。

川野　なるほど。「絶望」と「名言」というのが、最初のうちはちょっと、「え？ピタッとつながらないかな？」というふうに思わないでもないんですけれども。

でもネガティブな言葉が、かえって絶望に効くということなんですかね。

頭木　そうですね。薬みたいに効くわけではないですけれども。そういうネガティブな言葉というのは、普通、かえって暗い気持ちになると思われやすいんですが、必ずしもそうではなくて、辛い時には逆にそういう言葉のほうが、自分と一緒にいてくれて、気持ちをよくわかってくれて、それが救いになることも多いと思うんです。

川野　おっしゃること、「なるほどそうか」と思える部分がありました。

そのお話を、これからさらにうかがうんですけれども、番組の冒頭でご紹介したカフカの言葉は、頭木さんに一番好きな絶望名言として選んでいただきました。

ぼくは人生に必要な能力を、
なにひとつ備えておらず、
ただ人間的な弱みしか持っていない。
無能、あらゆる点で、しかも完璧に。

川野　作家のフランツ・カフカの言葉なんですが。なぜこれをお選びに？

頭木　先にご紹介いただいたように、ぼくは大学三年の二十歳の時に、突然難病になってしまいまして、その時点では、医師から「もう一生就職も進学もできず、親にずっと面倒を見てもらうしかない」というふうに言われたんですね。

ベッドに寝ているだけの存在になってしまって、もうまさに、人間的な弱みしか持っていない状態になって、完璧に無能な状態になってしまったんです。そういう時に読んだ、この言葉というのは、やっぱりすごく感動したんです。

川野　カフカといいますと、『変身』という作品が一番有名ですね。読んだことはないけれども、題名ぐらいは知っているなという方もいらっしゃると思います。

ちょっとすぐにはなじめないような作品ですね、あれは。いわゆる不条理文学というふうにくくられますよね。

頭木　そうですね。冒頭の「ある朝、目が覚めたらベッドの中で虫になっていた」というのが、すごく有名だと思います。

非常に非現実的な話だというふうに受け止められやすいんですが、病気した後に読むと、これは非現実的どころか迫真のドキュメンタリーなんですね。

ぼくなんかはまさに、ある朝、急にベッドの中で動けなくなって、親に面倒を見てもらうしかなくなったので、非常にリアルな作品でした。

川野　カフカという人は、チェコの生まれですか?

頭木　今のチェコのプラハの生まれ育ちですね。

『変身』が出版されたのが1915年で、100年ぐらい前なんですね。日本で言うと芥川龍之介《あくたがわりゅうのすけ》の『羅生門《らしょうもん》』が雑誌に発表されたのが、ちょうど同じ年なんです。

その100年前の作品が、今読んでもなお衝撃を与えるというのは、やっぱりすごいことだなと思うんです。

川野　そのカフカが、他にどういう絶望名言を残したのか、次に、こちらの言葉をご紹介することにします。

生きることは、
たえずわき道にそれていくことだ。
本当はどこに向かうはずだったのか、
振り返ってみることさえ許されない。

（断片）

川野　これは、どういう作品にある、どんな流れの中での言葉なんですか。

頭木　これは作品の一部ではなくて、もうこれが全部なんですね。カフカは、こういう短い言葉を創作ノートとかにたくさん書いていて、そういう断片がたくさん残っているんです。それぞれは非常に短いんですけれど、日本で言えば俳句とか和歌のように、なにか深くて広がりがあっていいなと思うんですよね。

これはおそらく三十七歳ぐらいの頃に書かれた言葉で。カフカは四十歳で亡くなっているので、かなり晩年なんですけれど、それまでの人生を振り返っての言葉だと思います。

カフカは作家になりたかったんですが、生前はほとんど無名で、生活のために役所勤めしていたんですね。サラリーマンだったんです。だから作家になりたいけれど、わき道にそれて、サラリーマンをやっていると。

あと、結婚をすごくしたいと思っていたんですけれど、三回婚約して、三回とも婚約解消しています。この言葉の頃は、ちょうど三回目の婚約解消の頃で。だからまさに、進みたい道に進めない人生を歩んでいるという意識があったんだと思います。

川野　この名言を選んだ、そのわけをうかがわせてください。
頭木　はい。ぼくが突然難病になった時、一番感じたのは、本来生きるはずだった自分の人生の道から外れて、わき道にそれてしまったという感じなんですね。
　本来のレールの上を走っていたはずなのに、脱線してしまって、あらぬ方向に進んでしまって、ああもう、そっちじゃないよ、というような感じが、とてもありました。
　将来こうなりたいというはっきりした夢を、まだその頃は持っていたわけではないんですが、それでも、難病になって生きるとは思っていなかったので、「本当の自分の人生じゃない、これはちがうんだ」という意識がすごく強かったですね。
川野　難病とおっしゃいましたけれども、その病気の名前をうかがってよろしいですか？
頭木　はい。潰瘍性大腸炎という病気です。
川野　よく聞く病名ではありますね、私なども耳にしたことがあります。
頭木　難病の中では、患者数が多いほうです。そして、人によって症状の幅がかなりあるんですね。すごく軽い方《かた》から、本当に重い方までけっこう幅があって。

　ぼくの場合は、全大腸型といって、重いほうだったんですけれど、一番重いというほどではないんです。それでも、何カ月か入院しては、また自宅で何カ月か療養し、また何カ月か入院しては、また自宅で何カ月かという、そんな繰《く》り返しをずっとしていました。

川野　そんなことは思ってもみなかった二十歳の頃でしょうから、衝撃は大きかったでしょうね。

頭木　そうですね。それまでぼくは丈夫なほうで、ほとんど病気らしい病気もしていなかったので、本当に思いがけなかったですね。自分がなるとは思わなくて。なんというか、本来の人生を失ったという意識が、やっぱり非常に苦しかったですね。

　そんな時に、このカフカの言葉に出会いました。「生きることは、たえずわき道にそれていくことだ」と。わき道にそれるのが、そもそも人生なんだ、という言い方なので、これはむしろ非常に救いになりました。

川野　ではここで一曲、頭木さんのお選びになった曲を、お聴きいただきたいと思います。絶望している時に聴くと心にしみる、「絶望音楽」です。

さだまさしさんの「第三病棟」という曲なんですけれども。これをお選びになった理由はどういうことですか？

頭木　病気になった時、もう一つ受け入れがたかったのが、なぜ自分だけがということなんですね。どうして自分だけが、こんなに苦しまなきゃいけないのかと。当時、二十歳ですから、友達とかは、もうみんな元気一杯で青春を謳歌しているわけです。

病院の六人部屋でも、ぼくが一番年下で、他はみんな年配の方。なんで自分だけが、こんなに若くして苦しまなきゃいけないんだっていうのが、非常に受け入れがたかったんですね。

でも、そんな時、夜中になって、眠れないで、静かになってくると、離れたところの小児病棟から子どもの泣き声が聞こえてくるんですね。それを聞いて、ぼく、すごく反省して……。

このさだまさしさんの「第三病棟」って、子どもが出てくる歌なんですけれど、これを聞くと、その時のことを思い出します。

川野　ではお聞きください。さだまさしさん、「第三病棟」。

僕の病室　君のそろえた
青い水差しと　白いカーテン
子供の声に　目覚めれば　陽射し
坊やが窓越しに　笑顔でおはよう
あの子の部屋は　僕の真向い
お見舞の　苺《いちご》が見える
やがて注射はいやだと泣き声
いずこも同じと　君が笑う
遊び盛りの　歳頃なのにね

あんなに可愛い　坊やなのにね
カルテ抱えた　君は一寸ふくれて
不公平だわとつぶやいた
紙飛行機のメッセージ
坊やから届いたよ
夏が過ぎれば　元気になるから
そしたら二人で　キャッチボールしよう

返事をのせた　飛行機を折って
とばそうと見たら　からっぽの部屋
少し遅めの　矢車草が
狭い花壇で　揺れるばかり
受けとる人の　誰もいない
手を離れた　飛行機
君と見送る　梅雨明けの空へ

坊やのもとへと　舞いあがる

（♪さだまさし「第三病棟」）

川野　さださんのずいぶん若い時の曲ですね。一九七六年発売のソロアルバム第一作『帰去来《ききょらい》』に収録されています。

歌詞にも「不公平」という言葉が出てきましたけれども、頭木さんも、なんで自分だけが、というふうに思われたわけですね。

頭木　そうですね。そういう思いに苦しんだ時に、小児病棟から子どもの泣き声が聞こえてきて思ったのは——お断りしておきたいのは、「子どもの頃から病気をしていたり、自分よりもっと不幸な人がいるから、自分なんてましだ」とか、そういうことではないんです。そういう「人よりましだ」とか、「もっと大変な人がいるから」とか、自分より下の人を見つけて、自分を慰《なぐさ》めるというのは、あまり好きではないんです。そうではなくて——その時、思ったのは、平等でないことに、すごい悲しみとか怒りさえ覚えていたわけですけど、「人はもともと不平等なんだな」と。平等だと思っていること自体が間違いで。考えてみれば、みんなそれぞれちがう顔に生まれ、ちがう容姿に生まれ、生まれる家もちがえば、国も境遇もぜんぜんちがいますよね。もともとぜんぜん平等じゃないんですよね。もちろん権利とか機会は平等に与えられなければいけないですが、たとえばみんな同じ顔じゃなきゃって言ったら、むちゃくちゃじゃないですか。健康も同じことで、他のこともそうだと思うんです。

本当はちがって当然なのに「平等であらねば」と思うと、逆に心が焦《こ》げちゃうなと思って。ちがって当たり前なんだなと思うようになって、ちょっと気持ちが逆に楽になりましたね。

頭木　川野さんも、ご病気を経験されたということなんですけれども、その時は、どんなふうに思われましたか?

川野　私は、いわゆる能天気というのでしょうか。脳梗塞で病院に運び込まれましてね。まず最初に、病棟に行く前に最初の病室で、さあこれからどうするかなって医師が決めるんですけれども。なんか頭上の明るい照明があるじゃないですか。そういう電気の光を見て、なんだかまぶしいなっていうふうに思うっていう。それが始まりでしたね。

もしかしたら死ぬかもしれないという状態だったんですけれども、そこまでは思いが至らずに、とにかく意識だけははっきりしてるな、これからどうなるんだろう、というぐらいの気持ちでした。

ですから、能天気としか言いようがないですね。絶望というふうには思わずにですね。まあ、妻がよくしてくれましたので、そういう支えももちろん大きかったんですけれども、そんな状態でした。

頭木　でも、最初はそうかもしれないですね。ぼくも難病になって、一生治らないと言われているのに、「あのレポートが書きかけだ」とか「あの授業の単位が」とか、そんな心配をけっこうしていました。もうそんな世界とは関係なくなっているのに。

さっきのカフカの『変身』も、虫になった主人公は、会社に行く心配をしているんですよ。それどころじゃないのに。

レールから外れたとたんって、まだレールの続きを夢見ているというか。なかなかすぐには切り替えがきかないですよね。

川野　私も、だから最初のうちは、そうだったんだろうと思います。で、病室に入って、ああ、これはちがうんだなというふうに、たしかに思い始めました。

まあ、落ち込むというほどではなかったので、それが救いだったんですけれども。周りも似たような方がけっこう多かったものですから、ああ、そうか、そういう仲間に入ったんだなというふうに受け入れて。それから治すことに専念をしようというふうには思いました。

頭木　そういう心の動きがおありだったんですね……。

川野　さて、では次の絶望名言をご紹介しましょう。

絶望には孤独がもれなくついてくる

ぼくには誰もいません。
ここには誰もいないのです、
不安のほかには。
不安とぼくは互いにしがみついて、
夜通し転げ回っているのです。

（ミレナへの手紙）

頭木　これは、じつは恋人への手紙の中の言葉なんです。

普通、恋人にはなかなかこんなことを書かないと思うんですけど、カフカは恋人への手紙にも、こういう絶望的な言葉ばっかりなんです。

川野　受け取る側の恋人としては、ちょっと待ってよと言いたくなるような内容じゃないですか。

頭木　そうですね。だから付き合っていた女性のほうも大したものだと思うんです。

川野　恋人への手紙は、これだけではなくて、いろいろとあるわけですね？

頭木　膨大にあります。でも全部そういう絶望的な言葉に満ちていますね。

カフカは手紙がとてもおもしろいんです。カフカが書いたものは、作品はもちろんですけれど、手紙や日記も、作品と言ってもいいぐらいなんです。

川野　その中から、頭木さんがこの名言を特に選んだのはなぜですか？

頭木　絶望した人が一番よく口にする言葉って、「自分の気持ちは誰にもわからない」ってことだと思うんです。

絶望って、やっぱりすごく個人的なものだと思うんです。

たとえば、すごく親身な家族であっても、病人の本当の気持ちはなかなかわかりませんし、同病相憐《あわ》れむとか言いますけれど、同じ病気でも症状や状況がちがうので、本当にはなかなか共感しあえないんですよね。

同じ災害にあっても、そうだと思います。被害の状況はそれぞれ微妙にちがうわけで、なかなか気持ちはひとつにはならないと思います。

ひどく落ち込んだ時ほど「この気持ちは誰にもわからないんだ」という心境に。つまり、孤独ですよね。

絶望するだけでも辛いのに、孤独がもれなくついてくるんです。

川野　そういうものですよね……。

頭木　ええ。それがすごく辛いわけですけれど。

そういう時の孤独で不安な気持ちを、このカフカの言葉は、すごくおもしろく、見事に表していると思うんですよね。

川野　そうすると、絶望している人には、どう接したらいいんでしょうか？

頭木　普通、皆さんが思うのは、励まして立ち直らせようということではないでしょうか。それは、もちろんいいと思うんです。

ただ、すぐ立ち直れる場合は、それでいいんですけれど、なかなか当人が立ち直れない時もありますよね。

何週間レベルなら、まだいいんですけど、何カ月、時には何年ということも、ざらにあることで。

その時、ちょっと悲しい展開が、わりと起きやすくて。最初は励ましていた人が、いつまで経っても立ち直らないので、だんだんイライラしてくるわけです。「そんなふうに、いつまでも落ち込んでいるから、いけないんだ」などと責め始めて、最後は「もう知らない!」などと見捨てるみたいな展開になりやすくて。

でも、誰しもが右肩上がりに真っ直ぐ立ち直れるわけじゃないんですよね。やっぱり低空飛行がずっと続いてしまうこともあるわけで。

できれば、もっとあせらないようにしてほしいですね。当人も周囲も、なるべくあせらずに。

深い海に沈んだら、あんまり急に上がってきたら潜水病になりますよね。それと同じで、深くまで沈んでしまったら、やっぱりゆっくり上がる必要があると思うんです。

ですから、絶望している人への接し方としては、ゆっくりそばにいてあげて、あまりせかさずに。それでも時々は連絡を取って、「立ち直れそうになったら、いつでも力を貸すよ」という形でそばにいてあげるのが、一番いいと思いますね。

川野　私は、ある先生から言葉をいただいたんですけれども、その病気が治るためには、「『あわてず、あせらず、あきらめず』この三つの『あ』。これを肝に銘じて、じーっと治るように心がけなさい」と。ああ、いい言葉だなと思って、今もよく暗唱しています。

頭木　やっぱり辛い時期というのは、当人も辛いですし、周囲も辛いですから、なるべく短いほうがいいというふうに思ってしまうので、あせってしまうんですけれど。あせるとよけい、なかなか立ち直れない自分に、さらに落ち込んだりするんですよね。

川野　そうですよね。この三つの「あ」も名言だというふうに思います。

川野　しかし頭木さん、十三年の療養生活というのも、これは中途半端な期間じゃないですよね。今はすっかり回復してらっしゃるんですか?

頭木　医学の進歩のおかげで、十三年目に手術を受けてですね、今はこうやって番組に出させていただけるぐらい、外も出歩けるようになりまして、かなり普通に近い生活が送れるようになりました。

川野　それはよろしゅうございましたね。執筆活動もしていらっしゃいまして。ただ、完全に治るというのは、なかなか難しいんでしょうけれども。

頭木　難病というのは治らない病気なので、今も治っているわけではなくて、完全に治るということは、やっぱりないんですね。

一生病気と一緒に生きていくというのは、これは仕方のないことなんですけれど。

川野　でもお話をうかがっていますと、「絶望名言」についていろいろとお書きになったり語ったりされることで、読む方々、聞く方々に、勇気を与えてらっしゃるじゃないですか。

頭木　勇気を与えられているのかどうかはわからないですけど……。

自分の長い絶望の期間にですね、絶望的な言葉、「絶望名言」を読むことが、ぼくにとってはすごく救いになりました。

入院中、六人部屋だったんですけれど、他の方々にも、けっこう本を勧めたりして、皆さん、それが非常に支えになったりされたんですね。感謝されたことも多くて。

だから、自分だけじゃないんだなと。

皆さん、読書経験のない人が、すごく多かったんですよ。ビジネス書しか読まないみたいな。もう俺は現実にしか興味ないよっていうような方もいらっしゃったんですけれど、結局はカフカとかドストエフスキーとかにはまるんですよ。

やっぱり絶望した時って、そうなんですよね。辛い、長い時期をずっと行くためには、そういう言葉だとか本だとかって、すごく支えになるんです。

六人部屋でそれを確信しました。

川野　このカフカもそうですけれども、ドストエフスキーなんて名前を聞きますと、そういう方々自身が、絶望の名人とも言えそうな人ですね、これは。

頭木　そうですね。ぼくはカフカを「絶望名人」というふうに呼んでいるんですけど、普通は、暗い言葉なんか聞くと、一緒に落ち込んでしまうみたいなことになりやすいと思うんです。でも、カフカの場合、絶望的すぎるというか、もう突き抜けてしまっているので、一緒に落ち込むというよりは、むしろ救いになるんですね。

川野　なるほど。普段はビジネス書しか読まないような人が手にしても、ああ、読んで良かったというふうにお思いになったわけですね。

頭木　そうなんです。六人部屋の全員がドストエフスキーを読んでいたこともあって、看護師さんが入ってきて、びっくりしたことがありますね（笑）。

川野　そうですか（笑）。

川野　では最後に、これだけは手放せない、カフカの絶望名言を、ご紹介ください。

半分倒れたまま生きる

将来にむかって歩くことは、ぼくにはできません。将来にむかってつまずくこと、これはできます。いちばんうまくできるのは、倒れたままでいることです。

（フェリーツェへの手紙）

川野　うーん。なんか、本当に落ち込むっていうか、立ち上がれないという感じが……。

頭木　そうですね。これも婚約者への手紙なんです。

二十九歳の頃、カフカが心から結婚したいと初めて思った人に送った手紙で。これから結婚したいのに、こんなことを書いて送ってしまうんですね。将来にむかって歩くことはできませんという。

川野　驚きですね。じゃあ、その頃のカフカは、どういう生活だったんですか？

頭木　こんなことを書くようでは、よっぽど大変なことが起きていたんだろうと思うじゃないですか。ところが、別にぜんぜん不幸な出来事は起きていないんです。カフカの人生って、けっこう平穏なんですよ。

この頃なんて、勤めている役所で出世したばっかりなんです。給料も上がって。だからむしろサラリーマン人生としては順調にいっていた時期なんです。

そういう時に「将来にむかって歩くことはできません」と言ってしまうのがカフカなんですね。

川野　頭木さんがこの言葉をどうしても外せないとお選びになった理由は何です

か？

頭木　この言葉を読んだ時、ぼくは病院のベッドで倒れたままだったわけです。ですから、すごく響きました。

いちばんうまくできるのは、倒れたままでいることです。

これはもう笑うしかないですよね（笑）。

カフカは、本当には倒れてはいないわけです。病気で倒れていたりするわけではないのに、こういうことを言う人がいる。

ようするに、日常生活というもの自体が、人間の生活というもの自体が、倒れるものでもあるということですよね。それが非常にぼくは心に響いて、倒れている時には、座右の銘ともいえる言葉だったんです。

川野　役に立つ、立たないという、そういう功利的な面だけで判断はできませんけれども、おっしゃるような絶望体験というのは、役に立つものですか？　絶望から悟りを得て、立ち直れるという、そういうものですか？

頭木　もちろん、そういう方もいらっしゃいます。経験をふまえて、さらに成長されて、立派になられる方もいらっしゃいます。

けれども、必ずしもそうはいかないわけです。

ぼく自身も、本当に治ったわけではないですし、昔は苦労したけど今は幸せで、めでたしめでたしとは、やっぱりいかないわけです。

苦労したことで、得るものも大きいですけれど、やはり失うものも大きいですから。

苦労は人を成長させる面もありますけど、人をダメにしたり歪《ゆが》めたりする面もあります。ぼく自身もダメになったり歪んじゃったりした面も、たくさんあると思います。

でもやっぱり、それでも生きていくしかないわけですよね。

じゃあ、前を向いて歩いて行くのかというと、そうではなくて、ぼくは倒れたままの状態から、ある程度立ち上がりましたけど、まだ半分倒れたままなんですね。だから、まだ絶望の名言は手放せないんです。

川野　立ち直るんではなく、絶望したまま生きていくということですね？

頭木　そうですね。倒れたままで生きていく、あるいは半分倒れたままで生きていく。それもありだと思うんですよね。

川野　ここまでお話をしていただいていましたけれども、そうすると、頭木さんにとって、カフカの絶望名言の魅力、絶望している人達にカフカの言葉を勧める、その一番大きな理由は何でしょうか？

頭木　カフカは平穏な人生を送っていて、サラリーマンとして順調に出世もしていますし、恋人もいて、親友もいたんですね。

ところがカフカの日記や手紙を読むと、大変な絶望なわけです。大変な孤独も感じていますし、常に不安も感じ、人がつまずかないところでつまずき、倒れないところで倒れるわけです。

ようするに、普通の人生であっても、やっぱり倒れる人は倒れるわけです。ちょっとした段差で、他の人は何も感じなくても、敏感な人は、そこで倒れてしまうんです。

カフカは何か特別な不幸があった人じゃないからこそ、その言葉は、誰にでも共感できるはずのものなんです。平凡で日常的な人生から出てきた言葉なので、自分には関係ないということはないはずなんです。

関係なく思えるとしたら、それは元気だった時のぼくのように、いろんなことに気づかずにすんでいるというだけです。たとえば病気のような大きな挫折を経験すれば、気づかなかったことに気づくようになるわけです。カフカが何を言っていたかがわかって、そこに感動があるわけです。

川野　これから先のお話も、まだうかがいたいという気がいたしますけれども。

頭木　ありがとうございました。

川野　古今東西の名作から、絶望に効く言葉をご紹介する「絶望名言を味わう」。今夜はフランツ・カフカの絶望名言をご紹介しました。

解説は文学紹介者、頭木弘樹さん。お相手は川野一宇でした。

（♪番組の最初と最後に流れるテーマ音楽についても、たくさんお問い合わせをいただきました。ありがとうございます。

バッハの「ゴールドベルク変奏曲」をグレン・グールドが演奏したものです。グールドの演奏には、若い頃のデビュー盤である一九五五年録音のものと、亡くなる前年の八一年録音のものと二種類あり、弾き方がずいぶんちがいます。番組で流れているのは、八一年版のほうです。

ソニー・クラシカルからCDが出ています

ぼく（頭木）の大好きな曲です）

カフカ　ブックガイド

『変身』
新潮文庫

カフカの小説をまず何か1冊読むとしたら、やっぱりこれ！「ある朝起きたら、ベッドの中で虫になっていた」という出だしの代表作。私もこれが最初のカフカでした。

『絶望名人カフカの人生論』
頭木弘樹・編訳
新潮文庫

自分の本をおすすめするのは恐縮ですが、入院中に心の支えとしていたカフカの絶望名言を集めた本です。こんなに多くの方に受け入れてもらえるとは思いませんでした。

『ポケットマスターピース01 カフカ』
集英社文庫

カフカの小説をさらに読みたいと思ったら、おすすめの本。川島隆さんの翻訳がすばらしいです。なお、カフカの「公文書」の翻訳が読めるのはこの本のみで、貴重！

『カフカはなぜ自殺しなかったのか？』
頭木弘樹・著　春秋社

私なりのカフカの伝記本です。常に自殺を考えていたのに、なぜ自殺しなかったのかという視点から、カフカの人生を追ってみました。カフカの名言集でもあります。

ドストエフスキー

第2回放送

絶望名言

ドストエフスキーの絶望名言 1 ――ドストエフスキーの文体は絶望にぴったり！

まったく人間というやつはなんという厄介《やっかい》な苦悩を背負い込んでいかなければならないもんなんだろう！

（創作ノート）

人生には悩みごとや苦しみごとは山ほどあるけれど、その報《むく》いというものははなはだすくない。

（作家の日記）

絶え間のない悲しみ、ただもう悲しみの連続。

（書簡集）

川野　今回は、ドストエフスキーの絶望名言です。

ドストエフスキーと言いますと19世紀のロシア文学を代表する巨匠と言えますね。『罪と罰』、『カラマーゾフの兄弟』などでよく知られていますけれども。登場人物がああでもない、こうでもないと悩み続けていて、非常に読みにくいという印象もあります。特に長編は気力と体力が必要。

絶望している時に、ドストエフスキーのような作品を読めますかね、どうですか？

頭木　ドストエフスキーは、読みにくい作家の代表のように言われる人ですね。

そう言われる原因は、やたら長いとかいろいろありますけれど、文章がくどくどしているということが大きいと思うんですよ。

ぼくはドストエフスキーの文章を読むと、「おねおねの佐助さん」を思い出すんです。「おねおねの佐助さん」というのは、『三年酒』という落語に出てくる登場人物なんですけど。相手がうんと言ってくれそうにない難しい交渉事は、みんながこの「おねおねの佐助さん」に頼むんです。

それは説得上手だからじゃないんですよ。もうね、おねおね、おねおね、何を言ってるかわからない長い話が続くんで、相手が、こんな話を聞くぐらいなら、うんと言ったほうがいいやってなっちゃうという、そういう人なんですね（笑）。
もうそれを思い出すぐらい、ドストエフスキーの文章っていうのは、おねおね、おねおねおねしてるんですね。
ぼく自身も、じつはなかなかドストエフスキーを最初読めなくて、もう五、六回は途中でやめていました。何年も間をおいては挑戦して、無理だったみたいな。『カラマーゾフの兄弟』なんかは、序文の段階で、もうやめちゃったんですけど。

川野　私も『カラマーゾフの兄弟』を読むことは読んだんですけれども、まあ時間がかかりまして。体力がいりました。

頭木　そうですよね。ところが、入院して読んだ時は、ものすごく読みやすかったんですよ！　すーっと読めて、すごく良かったんですね。
入院中って、さまざまな心配があるわけですよね。もちろん病気しているからその心配もあるし、治療の苦しさだとか、治療費とか生活費とか、あと家族のことか、この先、どうなっていくんだろうとか。いろんな心配が、それこそ手品の帽子じゃないですけれど、次から次へ出てきて、もうキリがないんです。

そういう時は、同じ心配が頭の中でぐるぐる回っていたりもするわけです。牛の反芻《はんすう》みたいに。さんざん悩んで、もう悩んでも仕方がないからと思った心配が、またこみあげて来て悩んだりとか。頭の中はグルグルなわけですよね。

そういう時にドストエフスキーのおねおね、ぐるぐるした文章を読むと、これはぴったりなんですよ。非常に読みやすいし、自分に近いし、ぜんぜん読みにくい文章じゃないんです、そういう時は。

だから、苦悩している時には、ドストエフスキーは、心地いいと言っていいぐらい、ぴったりなんですね。

川野　なるほど。そういう意味で、私は苦悩はなかったのかな、いや、足りなかったのかな。

うちの書棚に『罪と罰』という本が、ずっと並んでるんですね。三十年くらい。でもそれは背表紙をずっと見つめて三十年。なかなか手が出ない。

頭木　でも、ぼくはそういう積《つ》ん読《どく》というのは、すごく大事だと思っています。

絶望したり入院したりもそうですけれど、その時に本を探して読むって、まずできないことなんですね。だから、そういう置いてある本に、倒れながらも手を伸ばし、つかむことができたら、それが思いがけない救いになるかもしれないわけです。

川野　じゃあ、私のやっていたことは、そう間違いではなかった（笑）。

頭木　ええ。私も入院するまでは、ドストエフスキーはちゃんとは読んでいなかったわけで。でも、一応挑戦はしたから、持ってはいて。だからまあ、良かったんです。

川野　冒頭で紹介したのは、ドストエフスキーを代表する名言として、頭木さんに選んでいただいたものです。

頭木　これらはまさに苦悩に満ちた言葉なわけですけれど。読むほうも苦悩している時には、こういう言葉のほうが、本当にしっくりくるんですよね。

川野さんも最初におっしゃったように、ドストエフスキーの登場人物っていうのは、みんな苦悩しています。Aという登場人物が出てきて、苦悩してぐるぐるしているところに、Bが出てきて、そのBもまた苦悩してぐるぐるして、Cが出てきて、また苦悩してぐるぐるして、全体が渾然《こんぜん》一体となって苦悩しているわけです。

これがですね、やっぱり苦悩している時には、とてもいいんですね。もう苦悩のオーケストラ状態になっているわけですけれども、そこに自分も参加するような感じになるんですよね。

自分と同じ苦悩している人が出てくるとは限らないですけれど、みんながそれぞれ別のいろんな苦悩をしているので、自分もその中の一人になれるわけです。

でも、なんでしょう、その苦悩に共感できる、みんなが苦悩していて、自分も苦悩しているという状態になるのは、一人で苦悩している孤独とは、ずいぶんちがうんです。

川野　だから本当に悩み、苦しみ、苦悩している人が読むと、あっ、この作品のこの人物の悩みは、私とそうちがわないねっていう中で、おっしゃるような共感が湧《わ》くんですかね。

頭木　そうですね。もうこれは説明が難しいんですけれど、そういう苦悩している時に、苦悩しているものを読むと、それだけでちょっと救いになるんですよね。

ドストエフスキーの絶望名言 2 ──すべての死は他殺である

もしもどこかの山のてっぺんの岩の上に、
ただ二本の足をやっと乗せることしかできない
狭《せま》い場所で生きなければならなくなったとしても
──しかもその周囲は底知れぬ深淵《しんえん》、
広漠《こうばく》とした大洋、永遠の暗闇、
永遠の孤独と永遠の嵐だとしても──
そしてこの方一メートルにも足らぬ空間に、
一生涯、千年万年、いや永久にそのまま

とどまっていなければならないことになったとしても
――それでもいますぐ死ぬよりは、
そうしてでも生きているほうがまだましだ！
生きて、生きて、ただ生きていられさえすれば！
たとえどんな生き方でも――
ただ生きていられさえすればいい！……。
なんという真実だ！
ああ、まったくなんという真実だろう！

（罪と罰）

川野　私が本棚に飾っている『罪と罰』に、こういうことが書いてあるんですか（笑）。

頭木　そうですね（笑）。これはぼくの一番好きな言葉です。

一メートル四方ぐらいのところに、ずっと一生、立ってなきゃいけないと。そんなこと言われたら、普通、死んだほうがましだと思いますよね。

川野　本当ですよね。

頭木　たいていの人はそう思うと思うんです。でも、それでも生きてるほうがいい、それが真実だ、というふうに言っているわけなんですけれど。これを読んだ時、これは本当に死にかけたことのある人にしか書けない文章じゃないかなと思いましたね。

ドストエフスキーは、死刑宣告を受けて、刑場まで引き出されて、もう銃殺刑の直前に、特赦《とくしゃ》で助かったという経験があります。これがもうドストエフスキーにとっては非常に大きな経験で。いろんな作品の中にその話が出てきます。

ぼくがこの言葉を読んだのは、難病になって入院したばっかりの頃だったんですけど、ベッドの中でこの言葉に出合って。なにしろ、病気に殺されるかもしれないとおびえていた時なので、非常に感動しましたね。まったくこの通りだと思いました。

たとえばですね、病院なんかでチューブだらけになったりしている人を見ると、健康な人は、わりと簡単に「これだったら死んだほうがましなんじゃないか」と思っちゃうんですね。もし自分がこんなことになったら、もう死にたいとか思うわけです。

でもですね、いざ本当にそういう状況になったら、そんなもんじゃないんですよ。やっぱりドストエフスキーが言っている通りに、ほとんどの人はなると思うんです。

ドストエフスキーは、それをわかっているわけです。そういう作家の言葉っていうのは、すごく本当に信頼できるなというふうに思いました。

川野　「たとえどんな生き方でも——ただ生きていられさえすればいい!……。なんという真実だ!　ああ、まったくなんという真実だろう!」とドストエフスキーが気持ちを吐露《とろ》した箇所ですね。

頭木　そうですね。この真実を喜んでいるわけじゃないわけです。なんてひどい真実だろうって言ってるんですよね。そこもまたおもしろいんですけれど。

病気に限らず、苦悩している時には、ドストフエスキーは、とても信頼できる人なんです。この人の言うことなら本当だろうと。だってこの人は、こういう経験して、こういう真実にたどりついていると。それが自分にはよくわかるという時には、非常に通じ合う本なんですね。

病気とかは、なっていない人から見れば、仕方がないんじゃないかみたいなふうに考えられやすいわけです。たとえば事故なんかなら、災難だなとなるけど、病気は、その人の運命だみたいに、仕方がないじゃないというふうに思われやすいんですけれど、たとえ病気で死ぬんであっても、これはやっぱり他殺なんですよね、当人にとっては。病気によって首を締められて殺される、みたいな感じなんです。なんとしてもその手を払いのけたいっていうような気持ちになるんですよね。

川野 それはそうでしょうね。病気による死でも、他殺。なるほど（笑）。
いや、笑いながら言う話じゃないんですけれども。ただ不思議なことに、頭木さんと、こうやってお話をしていますと、絶望とか死とか、非常に重いお話なんですけれども、なんとなく笑いが込み上げてくる場合があるっていうのは、不思議ですね。

頭木　でも、絶望と笑いというのは、意外に近いと思います。もうどうしようもなくなって笑ってしまうっていうこともありますしね。

もちろん、絶望して、まったく笑えなくなるっていうのもあるわけですけれども。まだそこまでいかないうちは、笑ってこういう話を聞いておいて、それがどこかに残っていれば、笑えなくなった時にも、すごく役立つんじゃないかなと思うんです。

たとえば登山する時の命綱って、使っていない時は、ただぶらんと下がっていて、いらないものじゃないですか。でも、それがないと、いざという時、大変ですよね。そういう命綱的なものが、ひとつには読書であり、こういう話をしておくことじゃないかなと思うんです。

川野さんは、入院された時に、そういうことは、どういうふうに思われましたか？

川野　私は、そこまで深刻には考えませんでした。というのは、脳梗塞で一時倒れましてね。右の半身が最初は動かなかったんです。特に足がですね。

頭木　それは、かなり驚かれたんじゃないですか？

川野　ええ、びっくりしましたね。でも、お医者さんがおっしゃるには、ちょうど年末だったんですけれど、「まあ、お正月には杖《つえ》なしで歩いて帰れるからね」なんておっしゃるんで。「えーっ、こんなに足が十分には動かないような身体で、そんなになるのかな？」っていうふうに半分疑って思ってましたけれども。でも、ああいう時に、いとも簡単に、大丈夫、大丈夫って言ってもらえると、ほんとかいなと思いながらも、まあ救いが一種あるんですね。

ですから、たぶん絶望的な気持ちにまで陥らずに、でも本当は死の淵をのぞいたはずなんですけれど。私、生来、能天気な性格なものですから、そこまで深刻には考えませんでしたけれども、危なかったのかもしれません。感受性が鈍かったせいで、助かったのかもしれません。まあ、そんなことでした。

頭木　でも、今まで動いていた体が、自分の意思で動かなくなるっていうのは、すごい体験だったんじゃないですか？

川野　それはたしかにそうですね。ああ、こういうことになるんだと。だからこそ、これからもできるだけ動くようにリハビリをするし、それから自分の身体を大事にしようかなというふうには、あらためて思いました。

頭木　そうですよね。なんでもないことほど、失うと大きいですよね。

川野　大きいですね。

ドストエフスキーの絶望名言3

絶望音楽「療養所（サナトリウム）」さだまさし

さあ、それではここで一曲、頭木さんのセレクトで、絶望にぴったりな曲、絶望音楽をお送りします。

さだまさしさんの「療養所（サナトリウム）」。これをお聞きいただきましょう。

病室を出てゆくというのに
こんなに心が重いとは思わなかった
きっとそれは
雑居病棟のベージュの壁の隅に居た
あのおばあさんが気がかりなせい

たった今飲んだ薬の数さえ
すぐに忘れてしまう彼女は

しかし
夜中に僕の毛布をなおす事だけは
必ず忘れないでくれた

歳と共に誰もが子供に帰ってゆくと
人は云うけれど　それは多分嘘だ
思い通りにとべない心と　動かぬ手足
抱きしめて　燃え残る夢達

さまざまな人生を抱いた療養所《サナトリウム》は
やわらかな陽溜りとかなしい静けさの中

病室での話題と云えば
自分の病気の重さと人生の重さ
それから

とるに足らない噂話をあの人は
いつも黙って笑顔で聴くばかり

ふた月もの長い間に
彼女を訪れる人が誰もなかった
それは事実
けれど人を憐れみや同情で
語ればそれは嘘になる

まぎれもなく人生そのものが病室で
僕より先にきっと彼女は出てゆく
幸せ不幸せ　それは別にしても
真実は冷やかに過ぎてゆく

さまざまな人生を抱いた療養所《サナトリウム》は

やわらかな陽溜りとかなしい静けさの中
たったひとつ僕にも出来る
ほんのささやかな真実がある
それは
わずか一人だが　彼女への見舞客に
来週からなれること

（♪さだまさし「療養所（サナトリウム）」）

川野　一九七九年発売のソロアルバム第四作『夢供養《ゆめくよう》』に収録されています。
頭木さん、これはいつ頃お聞きになったんですか？

頭木　これは入退院を繰り返している途中でしたね。
この曲におばあさんが出てくるんですけれど、じつはこの曲と本当に同じような体験を、ぼく自身もしているんです。

川野　ほぉ。お友達になったんですか。

頭木　そうなんです。ぼくが入院した時には、もう入院されていて。ぼくが退院する時も、まだ残ってらっしゃったんです。ぼくもその時、四カ月ぐらい入院したので、かなりその方も長く入院されていて。上品なおばあさんで、仲良くなって、いろいろお話ししていたんですけれど。

　ある時、病気のせいなんですけれどね、おむつが欲しいけど、自分で買いに行くのは恥ずかしいし、家族にも恥ずかしくて頼めない、だから買ってきて欲しいって頼まれて。なんでぼくに言えたかというと、ぼく、その頃、二十代前半くらいですけれど、恥ずかしながら病気のせいでおむつしていたんですね。

　それで、こっそり買ってきてあげたら、すごく喜んでくださって。

川野　頭木さんもご病気でおむつをせざるを得なかったと。

頭木　そうです。なんというんでしょうね、普通、病気とかしても、おむつしても、年を取ったら仕方ないみたいに、周りは思うじゃないですか。もうそんな年なんだからって。

　でも、当人にとっては、なかなかそうはいかないですよ。

　ぼくは、若くておむつをするっていうのは、すごく辛《つら》かったですけど、年取ってするっていうのも、なおさら辛いだろうなと思いました。

もしかすると、そのままおむつが取れないかもしれないじゃないですか。そういう悲しみっていうのは、本当に大きな悲しみだなと思って。

退院する時も、これからは誰がおむつを買ってきてあげるんだろうって、すごく気になったんですよね。

川野　そうでしたか……。

ドストエフスキーの絶望名言 4
―― 苦しい時に手を握ってもらうということ

その生涯で苦しい運命を体験し、
ことにある種の瞬間に、
その悲哀を味わいつくした者は、
そうしたときにまったく思いがけなく、
親身も及ばない同情を示されるのが
どんなに甘美なものであるかを、
よく心得ているものです。

（書簡集）

頭木　この言葉はようするに、非常に辛い体験をすると、同情が本当にありがたいというようなことなんですけれど。

よく、辛い体験も大切とか言いますけど、ぼく自身は、辛い体験は少ないほどいいと思ってるんですよ。辛い体験をしていいことなんて、本当はごくわずかでね。ただ、辛い体験をしたからこそ、人の親切のありがたみがわかるっていうのは、たしかにあると思うんです。

たとえばぼく自身の経験だと、これは本当に些細《ささい》なことなんですが、自分にとっては大きいことで、すごく痛くて苦しい検査をしている時に、看護師さんが手を握ってくれたことがあるんですね。背中をさすってくれたこともあるんです。その握り方やさすり方が、流れ作業的じゃなく、すごく親身な感じだったんです。

検査室の看護師さんというのは、毎日毎日、何人も同じ検査に立ち会っているわけじゃないですか。どうしたって、そうそう患者さんに同情してられないし、流れ作業的になっていくと思うんです。それでも、一人一人そういうふうに親身にされている人もいてくれるんです。その時に初めて出会った、誰だかわからない人の手ですけれど、でもすごく救われるんですよ。痛みもちょっとやわらぐぐらいの効果があるんです。もう本当に痛かったり苦しかったりする時の手って、なんか特別なんですね。

川野　病院にいる時に、ベッドで脇《わき》を見ていますと、てきぱきとプロとしての経験を生かしながら、じつに速やかに動いてくれる、その働き方。おお、すばらしいなというふうに見ることもありましたね、私は。

頭木　それもすばらしいですね。ええ。

川野　そういう中で、なんかニコッとこちらを見て、笑いかけながら、「薬は飲まれましたか？　どうですか？」と本当に親身になって、訊《き》いてくださる、優しい言葉かけをしてくださる。それがとてもありがたかったという記憶がありますね。

頭木　そうですね。だから、そういう辛い時でなければ、そこまでありがたいと感じないかもしれないですよね。そういうことは、たしかにあると思うんです。

川野　はい。にっこりと微笑《ほほえ》んでくれるというのが、こんなにありがたいものかっていうことが、身にしみてわかりましたよ。

頭木　ああ、そうですねえ。ドストエフスキーは、その同情をありがたいと言っているわけですけれど、普通の生活じゃあ、「同情されたくない」という人も多いじゃないですか。同情というのは上から目線だみたいな感じで。でも、ぼくはけっこう同情っていうのは、すごい尊いものだと思っていますね。

本当に相手の気持ちがわかるわけではなくても、それでも同情って、やっぱりすごく素敵な心理だと思います。ドストエフスキーがこんなふうにも言っているんです。

われわれは、自分が不幸なときには、他人の不幸をより強く感じるものなのだ。

（白夜）

やっぱり辛い体験をした人ほど、他の人の辛い気持ちもわかってあげられるというところがあると思うんですね。だからそういう人が、自分が辛い体験をした人が、また他の人に同情して、親切な手を差し伸べる。これはやはり辛い体験をしたからこその、いいことのひとつかもしれないですね。

絶望が"スパルタ"を生む

僕がどの程度に苦しんでいるものやら、
他人には決してわかるもんじゃありゃしない。
なぜならば、それはあくまでも他人であって、
僕ではないからだ。
おまけに人間てやつは
他人を苦悩者と認めることを
あまり喜ばないものだからね。

（カラマーゾフの兄弟）

川野　この言葉は、先ほどとは別の側面ですね。

頭木　そうですね。辛い体験をしたからこそそのマイナス面ですね。辛い体験をしたから、それだけ優しくなるっていうこともあるんですけれど、じつはそうとは限らないんです。

自分が苦労をしたせいで、よけいに人に厳しくなって、冷たい人間になってしまうということも、けっこう多いんです。それがこの言葉の後半で、「人間っていうやつは、他人を苦悩者と認めることをあまり喜ばないものだからね」というふうに言ってるんですけれど。

自分の入院体験の話で例に出すとですね。重い患者さんが多いところに、ちょっと軽い患者さんが入ってくることもあるわけです。

たとえば腸のヘルニアとかで入ってくる人がいて。ぼくには、医学的なことはよくわかりませんけれど。手術するといっても、お腹を開けるわけじゃなくて、お腹の表面だけですむらしいんですね。そうすると、お腹を開腹手術しちゃう人にしたら、ずいぶん軽い病気なわけです。

でもヘルニアで入ってきた当人にとっては、手術は手術ですからね。大騒ぎで、しかも痛いわけですから、かなり騒ぎになるわけです。

でもみんなは、甘いと思っちゃうわけですね。重い病気をしている人は、そんな軽い病気で大騒ぎしやがって、みたいな感じになるんですよ。

ようするに、自分が辛い経験をしているせいで、自分よりは辛くないというふうに相手を思っちゃうと。そんなことで騒ぐな、みたいな冷たさも出てきてしまうんですよね。

川野　ありえますすね。

頭木　ええ。苦労すればするほど、他の人の苦労を認めず、お前は甘い、大したことないというふうに否定するようになってしまうという。これは辛い経験をしたことの負の面、マイナスの面だと思うんですね。

川野　ドストエフスキーという人は、人間をよく見ているなっていう、その絶望名言をいろいろと解説をしていただきましたけれども、頭木さんご自身が、ふに落ちないなという、そういう言葉もじつはあるんだそうですね。

頭木　そうなんです。こういう言葉なんですけど。

大きな悲しみを見ることもあろうが、
その悲しみあればこそ幸福にもなれるだろう。
これがお前におくる私の遺言だ。
悲しみの中に幸福を探し求めるのだ。

川野　うーん。これは『カラマーゾフの兄弟』という大長編の中で、ゾシマ長老という立派な人物が、亡くなる前に、青年アリョーシャに語った言葉だそうですが。

頭木　すごく素敵な言葉だとは思うんです。悲しみの中に幸福を探し求めるっていう。

立派な言葉だなとは思うんですけれど、まだなかなかこういう境地にまでは、ぼく自身はたどりつけないですね。

「そうかなあ?」と首をかしげてしまいます。人生には悲しみは少ないほどいいと、どうしても思ってしまいますね。

川野　こういう絶望を、じゃあ貴重な体験というふうに言うことができるんですか?

頭木　それは難しいところですね。ある種、結果論というか、絶望体験を踏まえて何かを得られれば、良かったということになるわけですし。でも失うばっかりということも、やっぱりあるわけですね。だからなかなか、その絶望も必要だよというところまでは、ぼくはちょっと確信が持てないですね。

川野　そうはおっしゃっても、これまでずっと解説してくださいましたように、ドストエフスキーの、この絶望名言は、非常に魅力のある内容ですよね。

頭木　やっぱりドストエフスキー自身がですね、人生が苦悩の連続なんですね。もう苦悩の専門家と言ってもいいぐらいなんです。

十五歳の時に、お母さんを病気で亡くします。お父さんは、怒りっぽくて無慈悲な人で、ドストエフスキーが十八の時に、治めていた領地の農民達の恨みをかって、惨殺されてしまうんですね。

川野　そうだったんですか……。

頭木　ドストエフスキーは作家を目指して、『貧しき人々』っていうデビュー作を書き、当時非常に権威のある評論家から絶賛されてですね、大変に華々しいデビューをするんです。

ところがですね、その後、書く作品は次々と酷評されてですね。このデビュー作を評価してくれた評論家からも、「こんな平凡な才能を天才と呼んだのは間違いだったかもしれない」と、前のことまで否定されちゃうんですね。だからもう、一瞬持ち上げられて、激しい転落です。

その後、ちょっと反政府活動に走ってしまうんですね。それで逮捕されて、先ほどご紹介した死刑にされかけてですね、死刑はまぬがれたんですけれど、シベリアに流刑になるんですね。監獄で四年間も過ごすんですよ。

しかも死刑にされかけたことで、持病だったてんかんが、ものすごくひどくなるんです。そこから、てんかんという病気にも、生涯苦しむんですね。

最初の結婚も不幸なものでしたし、生涯、常に借金に追われていたんです。しかも、それなのにギャンブル依存症でもあったんですね。子供も二人亡くしています。

自分のこういう苦悩だけじゃなくて、ドストエフスキーの場合、特徴的なのは、このシベリアに四年間いた間に、いろんな受刑者達の苦悩にも接したわけです。罪を犯した人達って、それぞれにいろんな事情があるわけですよね。それぞれの苦悩を抱えていて。

そういう自分だけじゃない、人の苦悩にも詳しくなって、これほど苦悩に通じている人は、ちょっといないというのがドストエフスキーなんですね。

だから苦悩している時に読むと、すごく共感できますし、これほど心の中にすーっと入ってくる人も、ちょっといないんですよね。

川野　なるほどね。そういう意味でね。

絶望の果ての中で、でも生きてさえいればいいっていう言葉がありましたよね。そうすると、生きるということの意味が、俄然《がぜん》、浮かび上がってきました、そこで。

頭木　そうですね。ぼく、これ、子供の頃の思い出なんですけれど。NHKの教育テレビか何かだったと思うんですけれど、葉っぱを食べている虫をずっと映していてですね、この虫は起きている間は、ずっと葉っぱを食べ続けていないともたないと。そうしないと死んでしまうから、起きている間は、ずっと葉っぱを食べてるんだよ、みたいな説明があったんですね。

それを聞いてびっくりして。生きるために食べるわけですけれど、生きてる間、ずっと食べることしかできないわけですよね。それは非常にむなしい人生だな、この虫は悲しいな、とか思ったことがあるんですよ。

でも今になって思うと、それはすごくあさはかで、まだ子どもだったなと思うんです。今はもうぜんぜん、そういうふうには思っていないです。

よく「生きる意味」とか「生きがい」とか、そういうことを言うじゃないですか。そういうものがないと意味がないみたいなことを言われがちですけれど、ぼくはそれ以前に、まず生きているっていうこと、それ自体が本当にすばらしいと思いますね。

なんの意味もなくても、なんの生きがいもなくても、ただ生きていれば、もうそれで価値があるし、すばらしいことだと思っています。

川野　なるほど。私もそれを聞いて、より安心したような、そういう気分になりました。

古今東西の名作から、絶望に効く言葉を紹介する『絶望名言を味わう』でした。

今回ご紹介したドストエフスキーの言葉はすべて、小沼文彦訳、筑摩書房刊、『ドストエフスキー全集』から引用しました。

ドストエフスキー　ブックガイド

『罪と罰』

工藤精一郎・訳

新潮文庫

最初に読むなら、やはりこれでしょう。といっても、ぶ厚い上下巻で、そうとうなボリューム。「刑事コロンボ」のコロンボ警部のモデルになった判事が出てきます。

『カラマーゾフの兄弟』

原 卓也・訳

新潮文庫

悩んでいるときには、なんといってもこれ。ただし、ドストエフスキーの中でも特に大長編。ぶ厚い上・中・下巻。『罪と罰』と同じく、ミステリーとしても面白い。

『白痴』

望月哲男・訳

河出文庫

トルストイはこの小説を「その値打ちを知っているものにとっては何千というダイヤモンドに匹敵する」と絶賛したとか。黒澤明が映画化していて、そちらも名作です。

『ドストエフスキーの手紙』

中村健之介・編訳

北海道大学出版会

ドストエフスキーの手紙に興味のある人は、全集か、この本を。膨大な手紙の中から、「手紙によるドストエフスキー自伝」を目指して、セレクト、編集してあります。

ゲーテ

第3回放送

絶望名言

ゲーテの絶望名言 1 ――「希望の人」ゲーテの絶望とは？

絶望することができない者は、生きるに値しない。

（詩　格言風に）

快適な暮らしの中で想像力を失った人達は、
無限の苦悩というものを認めようとはしない。
でも、ある、あるんだ！
どんな慰めも恥ずべきものでしかなく、
絶望が義務であるような場合が。

（親和力）

川野　シリーズ『絶望名言』、一回目はカフカ、二回目はドストエフスキーの名言をご紹介しました。
　頭木さん、反響がずいぶんありましたが、ご自身ではどうですか？

頭木　絶望の言葉を紹介するというコーナーなので、正直、お叱りも受けるのではないかと心配をしていたのですが、意外にも、そういうことはまったくなくて、心に響いたとかですね、モヤモヤしていたことを言葉にできたとか、絶望の言葉なのになぜか生きる糧《かて》になるとかおっしゃっていただけて、とてもうれしかったです。

川野　そうですよね。「絶望名言」と言いますと、暗くて、後ろ向きで、苦悩に満ちた言葉でもあるんですが、その絶望名言が求められる背景というのは、頭木さん、どのようにお考えですか？

頭木　世間の風潮として、ポジティブであることのほうが良しとされていますけれど、でも今回ご紹介するゲーテもこう言っているんですね。

――

人間は昼と同じく、夜を必要としないだろうか。

（タッソー）

――

明るさばかりを追い求めるのは、やっぱりちょっとやりきれないところもあると思うんですね。太陽だけじゃなくて、月も愛《め》でる。そういう気持ちもやっぱり必要だと思いますし、絶望名言で、ちょっとホッとしたり、しみじみできたりする人もいらっしゃるんじゃないかなと思っています。

川野　この『絶望名言』、三回目の今日は、ゲーテの言葉を取り上げます。

ゲーテといいますと、ドイツの世界的作家として有名ですよね。二十五歳で書いた『若きウェルテルの悩み』で、一躍有名作家になりました。生涯にわたって精力的に創作を続け、大作『ファウスト』を完成させた直後、八十二歳で亡くなりました。その作品は、死後二〇〇年近く経った今も、読み継がれているということですね。

あの漫画家の水木しげるさんが、召集《しょうしゅう》されて戦地におもむく時に、『ゲーテとの対話』を持っていったことが、よく知られております。

頭木　今、水木しげるさんのお話が出ましたけれども、水木さんだけではなくてですね、ゲーテは苦しい時に読まれるという傾向が、とてもあるんです。第二次大戦中、ナチスの収容所で、ゲーテを読んで救われたという話が、とても多いんです。

一例をあげると、ルート・クリューガーという、これはユダヤ人の少女なんですけれど、ナチスの収容所に入れられて、寒さに耐えきれず、空腹で空腹でどうにも耐えられないという時に、どこかの倉庫の隅で、半分破れてページも表紙もズタズタになったような国語の本を見つけるんですね。そこに、ゲーテの『ファウスト』の一節が載っていて、それですごく感動して救われたという体験を書いているんです。

空腹だとか寒さだとか、本当に根源的な絶望ですよね。そういう時でも、ゲーテが救いになっているというのは驚きです。ゲーテというのは、そういう苦しい時には、とても頼りになる人じゃないかなと思います。

川野　そうですか。ただゲーテは、これまでに紹介してきた作家とは、ちょっと毛色が違っていますね。一回目でご紹介したカフカは自分のことを「無能」と評しているし、ドストエフスキーは人生を「ただもう悲しみの連続」と表現しています。それに比べますと、ゲーテは「希望は誰にでもある。何事においても、絶望するよりは、希望を持つ方がいい」（タッソー）など、希望、そして自信に満ちあふれた言葉も残しております。経歴も華やかですよね。

頭木　そうですね。

川野　ということは、ゲーテは絶望よりも希望が似合う人なんですかね。

頭木　希望に満ちた言葉を言う、代表的な人と言ってもいいぐらいだと思います。たとえば、こんなことも言っています。

陽気さと真っ直ぐな心があれば、最終的にはうまくいく。（詩　格言風に）

まあ、もうじつに前向きで明るい言葉ですね。

実際、ゲーテは、この言葉通り、陽気さと真っ直ぐな心で詩を作り、食事を楽しみ、山にも登り、たくさんの恋をして、長生きして、七十四歳の時に十九歳の少女に結婚を申し込んだりしています。それぐらい元気で充実した人生を送っている人なんです。

でも、じゃあポジティブなことしか認めない、ネガティブなことは一切だめというような人かというと、まったくそうではないんです。

本当に太陽のような人だったんですけど、月の大切さもちゃんとわかっている人というか、先ほど朗読していただいたように、「絶望することができない者は、生きるに値しない」と、そこまで言うわけですね。絶望を否定したり、毛嫌いしたり、見下したりするのではなく、絶望はすごく大事だと言っているわけです。

川野　こうした言葉も、ゲーテの実際の体験から出てきたんでしょうかね。

頭木　ゲーテ自身が絶望を何回も体験している人なんです。

一番最初のゲーテの絶望は、まだ六歳の時なんですね。一七五五年の十一月一日なんですけれど。ポルトガルの美しい首都のリスボンで、とても大きな地震が起きて、その後、さらに津波が襲ってですね、一度に六万人が亡くなってしまうんです。

これほどの大震災ですから、当時、ヨーロッパ中が衝撃を受けたんですね。六歳のゲーテも、そのニュースを聞いて、とてもびっくりして、自伝『詩と真実』にこんなふうに書いています。

さっきまで平和で安らかに暮らしていた六万の人達が、
一瞬のうちに死んだ。
賢明で慈悲深いものと教えられてきた神が、
正しい者も、不正な者も、同じように破滅させた。
そのことが幼い心に強い印象を与え、
どうあがいても立ち直ることができなかった。

非常に強いショックを受けて、これが一生ゲーテの心には響き続けるんです。

川野　そうなんですか。いや、その天災とかですね、自然災害ということになれば、日本人の私達も非常に身近に感じることですよね。

頭木　そうですね。どんな慰めも通用しない、絶望するしかない時があるんだっていうこと、本当に今の日本人にはよくわかるだろうと思います。

川野　ゲーテはその後、自然というものをどんなふうにとらえたんですか。

頭木　自然の中に神がいるというふうに考えるようになって、自然信仰みたいな境地に到達するんです。これ、ちょっと考えるとおかしな気もします。地震も津波も自然現象です。それなのに自然を敬うようになるというのは。でも、自然がもたらす豊かさもありますよね。そのおかげで生きていて、だけど恐ろしい災害ももたらす。

ぼくは今、沖縄の離島の宮古島《みやこじま》に住んでいるんですけれども、そうすると台風がものすごいんですね。東京で体験していた台風とはぜんぜんちがってですね。生まれたばかりの台風なので、十代の暴力みたいな感じで、容赦《ようしゃ》がないんです。でも、こればっかりはどうしようもないんですよね。ただ祈るしかないんです。この「ただ祈るしかない」境地っていうのは、宮古島に行ってから少し理解できるようになりました。

そうすると、自然はたしかに怖いし、台風はイヤだし辛《つら》いですけれど、恵みをもたらす自然への感謝の念も高まるし、同時に台風をもたらす自然への恐れも高まるし。そういう大地だとか空だとかに祈る気持ちって、おのずから芽生えてくるんですよね。

ゲーテもそういうことだったんじゃないかなと思いますけど。

ゲーテの絶望名言 2 ―― 成功者ゲーテの密《ひそ》かな悲しみ

わたしはいつもみんなから、
幸運に恵まれた人間だとほめそやされてきた。
わたしは愚痴《ぐち》などこぼしたくないし、
自分のこれまでの人生にけちをつけるつもりもない。
しかし実際には、苦労と仕事以外の何ものでもなかった。
七五年の生涯で、本当に幸福だったときは、
一カ月もなかったと言っていい。
石を上に押し上げようと、
くり返し永遠に転がしているようなものだった。

（ゲーテとの対話）

川野　ゲーテの人生というのは幸せだったというふうに思っていたのですが、こういうことも言っているとは、なんだかわからなくなってきました。

頭木　そうですね。ゲーテというのは、たしかに非常に幸福な人生を送った人でもあるんです。これほど有名な作家なのに、じつはゲーテの伝記映画って、ほとんどないんですよ。それはなんでかっていうと、あんまり人生がうまくいっているので、ドラマにならないと。そういう理由らしいんですね。それぐらいうまくいっている人で。若い時に書いた、『若きウェルテルの悩み』で、これはもうヨーロッパ中で有名になるんですね。あのナポレオンまで本を持って、わざわざ訪ねてきたくらいです。

いい友達もたくさんいましたし、たくさんの女性から愛されましたし、ヴァイマルという、当時、国だったんですが、そこの大臣になって、貴族の称号をもらうんです。

八十二歳の誕生日の前に、生涯をかけて書いた大作の『ファウスト』を完成させて、数カ月後に亡くなるという、もう大往生ですよね。

川野　そうですね。いわゆる成功者じゃないですか。

頭木　そうなんです。でも、それは人生をあらすじで見ているからだと思うんです。

川野　あらすじで見ている。ほお。

頭木　ええ。あらすじで見れば、たしかにゲーテの人生は幸福なんですが、他の人にはわからない密かな悲しみというものを秘めている場合が、やっぱり人間ってあると思うんです。ゲーテの場合も、ヴァイマルという国で大臣になりましたけれど、このヴァイマル公国というのは、じつは当時とても小さくて貧しくて、人口はたった六千人で、面積は埼玉県のさらに半分ぐらいなんですね。大火で荒れ果てて、財政は逼迫《ひっぱく》して、もう大変だったんです。

ゲーテは、大臣といっても、財政から外交から農業から、鉱山の開発から、軍事費の縮小とか、なんでもかんでもやらなくちゃいけなくて、消防条例も作れば、質屋の条例も作るとかですね、あとは火事が起きると、現場に駆けつけて、消防活動の陣頭指揮まで執《と》っていたんですね。

まさに多忙の極みで、この時代はろくに作品も書けなくなったんです。だから、政治家として奮闘していた頃の日記には、

鉄の忍耐、石の辛抱。

って書いてあるんですね。それぐらい大変だったということで。
しかも、さっき『若きウェルテルの悩み』で大ベストセラーになったというふうに言いましたけれども、じつはその後は、けっこう鳴かず飛ばずの時期があるんです。だから、自分の作品が世の中に評価されないことを嘆いて、自分の努力を、

塵《ちり》の中でうごめく虫の努力に過ぎない。

（リーゼへの手紙）

と、そこまで言ったりしているんです。

川野　外側からは、うかがい知れない悲しみとか悩みとか、あったわけですね。

頭木　そうなんですね。そしてゲーテの周りでは、大切な人が次々亡くなっていくんです。まずゲーテは四人の妹や弟を亡くしているんですね。たった一人残った一歳下の妹がいて、とても可愛がっていたんです。その妹も二十六歳の若さで亡くなってしまうんです。ゲーテは、シラーという親友ができるんですけれども、

十歳年下なんですが、このシラーもゲーテよりだいぶ前に亡くなってしまうんです。この時、ゲーテは「自分の半身を失った」とショックを受けています。

その後、ゲーテの母も亡くなり、妻も亡くなり、そして晩年の八十一歳の時にですね、たった一人の子供、息子のアウグストがイタリア旅行の途中で、急に亡くなってしまうんです。まだ四十歳だったんですね、アウグストは。この愛する息子を亡くして、ゲーテはショックのあまり、大量の血を吐いて倒れるんですけれど。

だから、常に日の当たる場所にいたゲーテなんですけれど、ゲーテ自身が、

光の強いところでは、影も濃い。

（ゲッツ・フォン・ベルリンゲン）

と言っているように、多くの喜びの一方で、多くの悲しみも経験しているんです。

川野　そういう人生だったんですか。そうするとあらすじではなく、細かく見てみると、やっぱりその人の実像が浮かび上がってきますね。

頭木　そうですね。どうしても人の人生も自分の人生も、あらすじで見てしまい

がちじゃないですか。あらすじで見ると、すごい幸せな人だったり、逆にすごい不幸な人だったりするわけですけれども、もっと細やかに見ていくとですね、幸福な人の人生もたくさんの悲しみがあったり、あと不幸な人の人生にも、たくさんの喜びがあったり、あらすじで見ない場合は、ずいぶん印象も変わってくると思うんですね。

ぼくは病気になる前の若い頃は、むしろ人生をあらすじで生きたいなと思っていたんです。歯を磨いたり、ご飯を食べたり、お風呂に入ったりとか、そういう細々したことは面倒くさくて、もう食事も錠剤でいいし、あれをやったこれをやったというような大きなことだけで人生を生きていけたらいいなと思っていたんです。けれど、病気して寝込んじゃうと、大きなことって何もできなくなりますね。そうすると、細やかなことだけが人生になってくるんです。そうすると、そういう細やかな味っていうのが、逆にだんだんわかってくるんですね。

たとえば、あらすじで生きたかった元気な頃は、さっき飲んだお昼の味噌汁がおいしかったかどうかなんて、どうでもいいわけですよ。でも今は、ちょっと寒い時に飲んだお味噌汁の味が、とてもしみたとか、温かかったとか、そういうことが人生でとても大きいんですね。そういう細やかな部分にだんだん目が向くようになると、人生に対する感じ方も、ずいぶん大きく変わってくるなあと思います。

川野　そうですね。たとえば私などもですね、花とか自然とかいうことを、もっと若い時には、それはあるのは知って、きれいもきれいだけれども、あんまり目がいかなかった。年を取ってきて、しかも病気などをしてみると、花のきれいなこと、色合いの鮮やかなこと、それから風の冷たさ温かさ、一つ一つが身にしみて感じられるというようなことが、細かく見るとありますね、たしかに。

頭木　そうですよね。昔は乗り物も、新幹線みたいに速いほうが好きでしたし、もっと速くなればいいと思っていました。今はむしろ鈍行とかで、窓の外を流れていく景色とかを見たいというふうな気持ちが強いですね。できれば徒歩で歩きたいくらい。

川野　なるほど。だから自分の身辺のことに目を向け始めて、あっ、こんなところにすばらしいものがあるんだというのに気づき始めるという、それもいいことなのかもしれませんね。

ゲーテの絶望名言 3 絶望音楽「魔王」シューベルト

川野　今回の「絶望音楽」は、ゲーテの詩にシューベルトが曲をつけた「魔王」です。歌はバリトンの中山悌一《ていいち》、ピアノは木村潤二です（EMIミュージック・ジャパンの『18人の名歌手によるシューベルト：魔王』というCDに収録されています。日本語で歌われています）。

こんな夜ふけに闇と風の中を馬で駆けて行くのは誰だ？
子どもを連れた父親だ
父親は子どもをしっかり腕の中にかかえ
寒くないように、ひしと抱きしめている

（♪「魔王」より抜粋［頭木訳で、CDの歌の訳とは異なります］）

川野　頭木さん、この曲を選んだのは、どういう理由からですか？

頭木　これはとても怖くて悲しい歌ですが、父親と子どもの話です。馬に乗った父親が、病気の子どもを抱えて、なんとか助けようと夜の道をひた走っているという。息子に対する父親の愛があふれています。

これじつは、実際にゲーテが目撃したことらしいです。ゲーテが友達の家を訪れた時、夜遅くに、暗い人影が何かを抱えて馬でバーッと走っていったわけです。翌朝、あれはいったい何だったんだと尋ねたら、近所の農夫が病気の息子を医者のところに連れて行くために、必死で走って行ったんだと。それを聞いて書いたのが、この「魔王」の詩なんですね。

ゲーテは、病気の子どもを愛する父親というものに、たぶん憧れたんだと思います。というのは、ゲーテは父親とうまくいっていなかったんですね。ゲーテの家っていうのは、もともとは馬の蹄《ひづめ》につける蹄鉄《ていてつ》ですね、あれを作る職人で、身分は高くなくて、非常に貧しい暮らしだったんです。

それをゲーテのおじいさんの代に、たった一代で巨万の富を築くんです。大変なやり手だったんですね。ゲーテの父親は、だから苦労知らずで育ったわけです。

ただ、お金があっても、地位とか名誉はなかったわけです。で、ゲーテのお父さんは、息子のゲーテに全てを託《たく》すわけです。大変な英才教育をします。世に出て地位と名声を築いてくれというわけですね。

だけどゲーテは作家になりたかったんです。でも作家ではダメだと、無理やり法律を学ばされるんですね。そのために大学に行かせるんです。ゲーテは嫌々ながら、父親から離れることができるんで大学に行くんですね。でも、初めての一人暮らしで羽目を外しちゃってですね、騒ぎ過ぎちゃって、病気になってしまうんです。

たぶん結核だろうって今では言われていますけれど、かなりひどい状態で実家に戻ってくることになるんですね。そのまま長く寝込んでしまうんです。命が危ない時もあったんですね。

その時にゲーテと父親の間が、決定的にこじれてしまうんです。その時のことを日記に書いているのが次の言葉なんですね。

ゲーテの絶望名言 4 ―― どうしても父を許すことができなかった

父の家から出ることにあこがれた。
父との間がうまくいかなかった。
わたしの病気が再発したときや、
なかなかよくならなかったとき、父は短気を起こした。
やさしくいたわってくれるどころか、
残酷な言葉をあびせかけた。
わたしにはどうしようもないことなのに、
まるで意志の力でどうにでもなるかのように言った。
そのことを思うと、どうしても父を許すことができなかった。

（自伝　詩と真実）

川野　お父さんとの確執《かくしつ》というか、大変なものですね。

頭木　そうなんですね。ゲーテは八十二歳まで長生きした、たくましい元気な人なんですけど、けっこう何度も大病を経験しているんです。

中でもひどかったのが、先ほど申し上げました、大学の三年生の十九歳の時の大病で。危うく亡くなるところだったんですね。寝込んだ期間も長かったんです。ゲーテの父親は、最初はまだしも、だんだんと、病気が治らないゲーテにイライラし始めるんですね。夢を託した息子なのに、そのために大学に出したのに、病気になって戻ってきて、そのままずっと寝込んでいて、いつまでも治らない。

それで腹を立ててですね、最初はそれでも態度に出さないようにしていたのが、だんだん息子への失望を隠しきれなくなってくるんですね。で、お前がだらしないから治らないんだ、みたいな方向に、だんだん行ってしまうんですね。

病気で寝込むというのは、だいたい最初は大切にしてもらえるものなんですよ。けれど、これが長くなってくるとですね、今度は逆にだんだん冷たくされ始めるものなんですね。これは通常でもそうなんで、ゲーテのお父さんも、そうだったわけなんです。でも、病気の当人だって早く治りたいわけですからね。これは本当に辛《つら》いんですよね。

病気の時とか弱っている時に、どういう仕打ちをされたかっていうのは、これはいつまでもその人の心に残るんですね。日頃、いくら優しくしてもらっていても、弱った時に冷たくされれば、もはや元のような気持ちでは付き合えないですよね。

まして、もともと不仲であれば、決定的なだめ押しになってしまうと思います。

川野　ゲーテは「どうしても父を許すことができなかった」と言っていますね。

頭木　「気持ちがたるんでいるから病気になる」とか、「気の持ちようで病気は治る」とか、これは健康な人はつい言ってしまいがちなんですけれど、これを言われると、病人はすごく辛いですし、許せない気持ちになるんですね。気の持ちようってわけには、やっぱりいかないですからね。

ゲーテのお父さんは、病気の子どもに、失望して、いらだって、怒って、気の持ちようだと言ってしまったんです。

一番やっちゃいけないことを、みんなやったんですね。

川野　頭木さんも、十三年間の療養生活の中で、いろいろと心に残る、あるいは場合によっては心に傷を負ったというような場面もあったんですかね。

頭木　そうですね。ぼくの病気の場合、ストレスが関係すると言われているので、やっぱりこのゲーテのお父さんのように、気の持ちようということは、ずいぶん言われました。それが逆にストレスにもなるんですけどね（笑）。

たとえば、強い衝撃を受けたら、どうしたって骨は折れるわけですよね。どんな心持ちでいたって、いくらポジティブだって、折れる時は折れるわけです。

また、いくら前向きなポジティブな気持ちでいても、折れた骨がすぐにつながるというふうにはいかないですよね。どうしたって、ある程度の期間はかかりますよね。

ところが、内臓の病気とかだと、どうしても、なんか気の持ちようで治るみたいに言われやすいんです。気の持ちようで、骨はすぐつながるよって言う人はいないんですけど、内臓とかは見えないだけにね、ブラックボックスなんで、なんか精神力で治せるような気にもなってしまうんですね。

たしかに気の持ちようは大きく関わるんですけれど、全てをそのせいにされるっていうのは、間違いですし、大変なプレッシャーですよね。

川野　逆に、そういう時に、こういう対応をされて、じつに心が安らいだなというようなご体験はおありですか？

頭木　変わらないっていうことですかね。

先ほども言いましたけれど、だんだん冷たくなっていくのが当たり前なんですね。それをずっと変わらずにいてくれる。

ある程度の支えであっても、それがずっと継続したら、それに対する感謝の気持ちっていうのは、本当に大きいですね。

変わらないでいてくれたっていうことへのね。

それは、たぶん、長く病気された人は、みんな思うことじゃないですかね。

川野さんは、何かそういうご体験はおありですか？

川野　私は二カ月、入院しました。脳梗塞が原因で、まあ脳梗塞自体はすぐ治ったんですけれども、リハビリが長いんですね。

その時に、前とほとんど変わらずに接してくれたことが、とてもありがたかったです。

もちろん心配してくれますよ。今までとちがうんですから、病院に来て、どうだったということを訊《き》いてはくれますけれども、でも、「じゃあ元気でね」と言って、前と変わらずに付き合ってくれる。それがとてもありがたかったです。

頭木　本当に弱っている時って、ちょっと特別な時ですからね。その時の体験って、健康な人からすれば、ほんのささいなことでも、当人にとっては大きくて、ずっと残るっていうことがあるんですよね。

川野　さて、それでは次に紹介する名言は、こちらです。

涙とともにパンを食べたことのない者には、人生の本当の味はわからない。ベッドの上で泣きあかしたことのない者には、人生の本当の安らぎはわからない。

（ヴィルヘルム・マイスターの修業時代）

暑さ寒さに苦しんだ者でなければ、
人間というものの値打ちはわからない。

（西東詩集）

人間は昼と同じく、
夜を必要としないだろうか。

（タッソー）

頭木　この言葉は、ゲーテという人を表しているといいますか、絶望を踏まえた上での希望ですね。

たんにポジティブだけがいいっていうのではなくて、あくまで絶望というものも大切っていうことを踏まえた上で、前向きという。

それはとっても素敵なことだなと思うんですね。

川野　カフカのほうが後の時代の人ですけれども、ゲーテを尊敬して憧れていたということがあるみたいですね。

頭木　そうですね。ぼくはじつはゲーテを読むようになったのはカフカからなんです。

カフカがすごくゲーテを読んでるんですよね。大好きなわけです。でも意外ですよね。ゲーテって、一般的には明るいイメージじゃないですか。あれほど明るい人を、なぜカフカがこんなに気に入っているんだろうと思って。それで不思議に思って読み出したんですね。

そうしたらゲーテは本当にそういう陽気なゲーテなんですけれども、人生には悲しみや苦しみや悩みや暗さも必要だと、何度も繰り返し言っているんですね。

晴れた日もあれば、雨の日もあるのは、これはまあ、仕方ないですよね。雨の日は、雨から目をそらしていたら、濡れずにすむっていうわけにはいかないじゃないですか（笑）。

やっぱり傘の用意があったほうがいいし。雨をただ良くないと考えるんじゃなくて、雨の日の魅力にも気づきたいですよね。たとえば雨が降ると木とか草の葉が濡れて、緑が濃くなって、晴れた日よりもきれいですよね。そういう発見も欲しいですよね。

だから、ゲーテは明るい人ですけれど、暗いことから目はそむけずに、絶望も大切だと言って、絶望を踏まえた上で、なお陽気に生きていくと。こういう人こそ、本当の明るい人なんだろうなと思います。

川野　なるほど。頭木さんは常々、悲しみは少ないほどいいというふうに言ってらっしゃいますけれども、頭木さんがゲーテならゲーテに、あるいはカフカならカフカに惹《ひ》かれるのは、そういうところなんですね。

頭木　もちろんぼくは、悲しみはないほうがいいと思っていて、人生の本当の味がわからなくても、泣きながらパンを食べないほうがいいと思ってます。

思ってますけど、いったん絶望を経験してしまえば、もうそこには戻れないわけですよね。戻れない時に、どうしたらいいのか？

ゲーテはそのひとつの理想像でもあると思うんです。絶望を経験して、そこから逃れられなくても、なおかつ陽気さを同時に持っているわけですから。

よく明るい人は暗くなくて、暗い人は明るくないと、どっちか一方のように思われやすいと思うんです。明るくて暗い人とか、なかなか言われないですよね。でも、そういう人はいるんだと思うんです。

これもＮＨＫの番組で知ったんですが、日本画家の伊藤若冲《いとうじゃくちゅう》、とても人気がありますが、あの人の絵で、金色のすごいきれいな輝きを出している部分って、白と黄色の他に黒がベースになっているそうなんです。

黒で裏打ちしてあって、その上に白と黄色を置くと、きれいな金色の輝きになると。

これは今、科学的に金を分析すると、やっぱりそこに黒色が混じってるらしいんですよね。黒があることによって、白と黄色との組み合わせで、本当に美しい輝きが出ると。

ゲーテもまさにそういう人で。絶望に裏打ちされた希望の人で。だからこそ、なおさら輝かしいのかなと。

でも、とてもゲーテにはなれないんですけどね。

到達することはできない、遠くの星のような見本として、ゲーテという人は、ぼくにとっても、素敵だなと思える人です。

川野　ありがとうございました。

ゲーテ　ブックガイド

『絶望名人カフカ×希望名人ゲーテ文豪の名言対決』

頭木弘樹・編訳　草思社文庫

二人が対話しているかのように、ゲーテの前向きな言葉と、カフカの後ろ向きな言葉を並べ、二人のエピソードもたくさん書きました。

『ゲーテ格言集』

高橋健二・編訳
新潮文庫

ゲーテの格言集の代表的な存在。安価で、たくさんの言葉が入っていて、訳がいいという、三拍子がそろっています。ただし、言葉の解説はありません。

『ゲーテとの対話』

ヨハン・ペーター・エッカーマン
山下 肇・訳
岩波文庫

ゲーテを尊敬して秘書になったエッカーマンが、ゲーテとの会話を記録したもの。名言の宝庫。水木しげるなど愛読者が多いです。全三巻。

『ゲーテさん こんばんは』

池内 紀・著
集英社文庫

「ゲーテって誰？」という人でも、とっつきやすく、読みやすく、面白く読める、格好の入門書。著者はカフカの翻訳や紹介でも有名。

太宰治

第4回放送

絶望名言

駄目な男というものは、
幸福を受取るに当ってさえ、
下手くそを極《きわ》めるものである。

（貧の意地）

弱虫は、幸福をさえおそれるものです。
綿で怪我《けが》をするんです。
幸福に傷つけられる事もあるんです。

（人間失格）

川野　今回は初めて日本の作家、太宰治です。代表作の一つは『人間失格』で、言ってはなんですけれども、絶望にぴったりの作家ということが言えますね、頭木さん。

頭木　そうですね。日本の作家で、まず誰をご紹介しようかなと思ったんですけど、絶望名言と言えば、やっぱり太宰治ですよね。

かなり昔の文豪という感じがすると思うんですけど、三十八歳の若さで亡くなっているので、そういう感じがするだけで、じつは松本清張《まつもとせいちょう》さんと同い年なんですよね。

川野　ああ、そうなんですね。

頭木　ええ。一九〇九年生まれで、もし今も生きていたとしたら百七歳。まあちょっとすごい年齢ですけど、でもありえない年齢ではないですよね。

川野　そうですね。番組の冒頭でご紹介したのは、太宰を代表する名言として、頭木さんに選んでいただいたものです。「幸福に傷つけられる」。非常に弱くて繊細な、そういう表現ですよね。

頭木　そうですね。「綿で怪我をする」っていうんですから、もうどうしていいかわからないですよね。もう他にくるむものがないですよね、綿で怪我をされちゃあ。

でも、こういう繊細な太宰治を愛読する人が、たくさんいるわけですね。

少し前の二〇一五年の時点の数字ですけど、あるひとつの出版社の文庫だけで、七百万部に到達したそうです。他社の全部の文庫まで入れたら、一千万部は絶対超えているし、これは大変な数ですよね。

長い間読まれているっていうことも、本当に素晴らしいと思います。

川野さんも、太宰治がお好きだそうですね？

川野　はい。今回、あらためていくつかの作品を読み直してみました。そうすると、駄目男で弱くて繊細でという、そういうところも作品に表れているのはたくさんありますけれども、やっぱり名文で書いていますよね。おお、太宰治って、あらためてすばらしい筆力を持った人だなということを感じました。

頭木　太宰治を好きだという人もたくさんいる一方で、太宰治が嫌いだという人も多いんですよね。好きな人は大好きで、嫌いな人は大嫌いというのが、太宰治の特徴かもしれませんね。太宰治を嫌いな人の代表的な人として、三島由紀夫がいます。

川野　ああ。わかるような気がしますね。

頭木　三島由紀夫は、太宰治についてこんなふうに書いています（私の遍歴時代）。

――**最初からこれほど私に生理的反発《はんぱつ》を感じさせた作家もめずらしい。**――

まあ、よくここまで書きましたね。なんでそんなに嫌うかというと、やっぱり綿で怪我するっていう、弱々しいところが、三島由紀夫としては腹が立つわけですね。

――**弱いライオンのほうが強いライオンよりも美しく見えるなどということがあるだろうか。**――

とも言っています（小説家の休暇）。まあ、三島由紀夫らしい言葉ですけど。なるほどと思わされますね。ただ、これはライオンだから、強いほうが美しいということになるわけで。これが小動物で、たとえばウサギとかですね、カピバラとかだったら、弱々しいほうがいいですよね。獰猛《どうもう》なカピバラとか嫌ですよね。だから、どういう場合かにもよると思うんですけど。

太宰のもっていた性格的欠陥は、少なくともその半分が、冷水摩擦や器械体操や規則的な生活で治される筈《はず》だった。

こうも言っています（小説家の休暇）。三島はすごく身体を鍛えてますからね。身体を鍛えれば、こんなななよなよした精神は吹き飛ぶんだと。

川野　三島由紀夫は太宰治に会ったことあるんですか？

頭木　三島が大学生の時に、わざわざ訪ねて行ってるんですよ。太宰治のほうが十六くらい三島より年上なんですけれど、その太宰に三島は、

「僕は太宰さんの文学はきらいなんです」

と面と向かって言ってるんですね（私の遍歴時代）。
それで、太宰治がどうしたかというと、こんなふうに答えているんです。

「そんなことを言ったって、こうして来てるんだから、やっぱり好きなんだよな。なあ、やっぱり好きなんだ」

そんなことを言われて、また三島がすごく怒ってるんですよ（笑）。

川野　ハハハ。おもしろい。

頭木　ええ。だからこの太宰と三島っていうのは、両極端なのかもしれないですね。で、二人とも自殺しているんですよね。

川野　ああ、そういうことですね。

太宰治に関してはですね、若い頃は夢中になりました。でも大人になったら、まず読まないという人も、ずいぶんいらっしゃるようですよね。太宰を大嫌いな人がいる。これは何か理由があるんですかね？

頭木　ええ。その理由を表しているんじゃないかという言葉を、次にご紹介します。

生きている事。生きている事。
ああ、それは、何というやりきれない
息もたえだえの大事業であろうか。
（中略）
僕は、僕という草は、この世の空気と陽《ひ》の中に、
生きにくいんです。生きて行くのに、
どこか一つ欠けているんです。
足りないんです。

いままで、生きて来たのも、
これでも、精一ぱいだったのです。
（斜陽）

人間は、
何か一つ触れてはならぬ深い傷を背負って、
それでも、堪《た》えて、そ知らぬふりをして
生きているのではないのか。
（火の鳥）

川野　生きづらさに満ちあふれた言葉、文章ですよね。

頭木　そうですね。まあ、思春期は、誰でも多かれ少なかれ、生きづらさを感じているると思うんです。まだ世の中にしっかり入り込んでいなくて、組み込まれていなくて、そこに入っていけるかどうかなという心配もあります。

また逆に、この中に入って行っていいんだろうかという、そういうようなためらいもあります。

そういう生きづらい時は、やっぱり何か自分に問題があるんじゃないかなという心配も出てきます。あと、こんなに辛《つら》さを感じてるのは、自分だけなんじゃないかなという不安もあると思うんですよね。

そんな時に、太宰治が辛い辛いとさんざん言ってくれるわけです。これはやっぱり、ありがたいことだと思うんですよね。

川野　そうですよね。読んでいて、読む人が救われるという感じになりますよね。

頭木　ええ。で、好きな人は、「本当に気持ちをわかってもらえる」「同じ気持ちだ」というふうになるんだと思うんですけど、一方、嫌いな人とか読まなくなった人は、そういう太宰を、「ナルシスト」だとか、「甘ったれ」だとか、「駄目な自分に酔っている」とか、そんなふうな言い方をして、けなしたりするわけです。
ただ、じゃあなんで太宰治がそういう人間だとみんな知っているのか？　ナルシストで、甘ったれで、駄目な自分に酔ってる人間だって、なぜみんなが知ってるのか？
これは太宰治自身がそう書いているからですよね。書いてなきゃ、誰も知らないわけです。これをやっぱり忘れちゃいけないと思うんですよ。

川野　ナルシスト、甘ったれ、駄目な自分に酔ってるとかいうふうにおっしゃる方、それは気持ちはわかりますけれども、そういう人物像を描いている文章は、きちんと客観的で、自分を冷静に見通しながら書いている。
文学として成り立つためには、そういうところがしっかりしていないと受け入れられませんよね。ナルシスト的に酔ってるだけだったら、なんだこんな文章って捨てられちゃいますもんね。

頭木　そうですね。あとやっぱり、普通は自分のそういう面は隠すと思うんですよ。だけど本当は、誰だってナルシストだし、誰だって甘ったれだし、誰だって駄目な自分に酔ってるところがあると思うんです。

それをそのまま書く嘘のなさに、若い頃は、やっぱり感激するんじゃないですかね。で、自分だけじゃなかったことに安心すると。

でも大人になるとですね、今度はそういうふうにあからさまに書かれることに、逆に耐えられなくなってくる。隠すべきものを、そんなに見せつけないで欲しいと。

これは三島由紀夫も、そういうふうに書いてるんです（私の遍歴時代）。


私のもっとも隠したがっていた部分を故意に露出する型の作家であったためかもしれない。


すごく隠したいと思ってるところを、思い切り書いてしまう。だから、それを読むほうも、なんか恥ずかしくなって辛《つら》い。そういうこともあるんじゃないかと思います。

ぼく自身、じつは、若い頃は太宰に感激し、その後、「太宰なんか……」みたいになっちゃったんです。あれは若い頃読むもんだみたいな。

で、今はまた太宰が大好きなんです。

そういう変化を繰り返しているので、そういう気持ちもわかるような気がします。

ぼくの場合は、病気をしたことが大きかったですね、いったん離れていた太宰に戻ったのは。

もう隠しようもなく弱々しい人間になってしまったんで。弱々しさを隠さない太宰治に、あらためて惹《ひ》かれるようになりましたね。

やっぱり、ここまではなかなかさらけ出せないんですよね。そこを逆にすごいなと思うようになりましたね。

川野さんは、そういうことはなかったですか？

川野　自分の人生を振り返って見ると、特に子供の頃はね、嫌なことが多かったんですよ、私は。

頭木　そうなんですか？

川野　ええ。小学校の三年生か四年生頃に両親が離婚したんですよ。

そうすると、今でこそ親が離婚するっていうのは珍しくないことでしょうけれども、当時はですね、そんな人は、学校の友達の中に誰もいなかった。

頭木　誰もいなかったんですか！　そうですか。

川野　ええ。それで、学校に届け出を出す時に、ハンコがちがってきたりとかですね。まあ私の名字《みょうじ》は川野のままで変わらないんですけれども、母親の名字がちがってくるんですよね。嫌だなというふうに思ったりですね。周りの人達とちがう自分っていうのは、とっても嫌だった。

それと、当時はあれですよ、当時っていうのは昭和二十年代、三十年代くらいまでは、どこの家もだいたいあまり豊かじゃなかった。まあ貧乏でしたよ、みんなね。貧乏だけども、楽しく過ごしてたんです。

そういう中で、やっぱり、あんまりお金持ちじゃなかったから、生活がそんなに楽じゃないという自分で、なんだか周りに引けをとるような感じがずっとしていて。嫌だなという人生を送ってきて、だんだん小学校から中学、高校に行くと、太宰の文章なんかに出合うわけですね。そうすると、こんなに駄目な人がいるのかと。それはちょっと大人になってからですけどね、さらに。

頭木　ホッとされる感じですか。

川野　はい。それはありましたですね。

自分の人生が非常になんていうか、辛い環境の中で過ごしていかなきゃいけないというふうなことの中から、やっぱり太宰に救いを見いだすというようなことは、ありましたね。

さっきおっしゃったように、やっぱり自分に問題があるんじゃないかとか、あるいは自分の周りの環境に問題があるんじゃないかと思った時に太宰を読むと、接すると、ああ、救われるという気にたしかになりますね。

頭木　そうですよね。劣った自分を受け入れるというのはなかなか難しいですから。

ぼくも、入院中の写真とか、そういう記録が一切ないんですよ、じつは。「入院中の写真とかないんですか」とか訊《き》かれることがあるんですが、一枚もないんです。

ようするに、撮られるのを拒否してたんですね。そういう病気になっている自分というものを、写真でも記録でも、一切残したくないというか。

だから、空白期になっています。かなりかたくなだったんだなというのを、今になって感じますけど。

川野　まあ、それはわかりますけどね。今だと、撮っとけば良かったなというふうに思いますか？

頭木　そうですね、思います。

つまり、太宰みたいにできなかったということですよ。弱さを受け入れられなかった。だから、すごいなと思います、太宰。

川野　なかなかできませんものね、そういう時には、真《ま》っ只中《ただなか》にはね。

頭木　川野さんは、太宰治がお好きということですから、今回は、川野さんがお好きな太宰治の絶望名言も、ご紹介いただけたらと思うんですけど。

川野　はい。『桜桃《おうとう》』の中にありました、次の言葉です。

太宰治の絶望名言 3 ── 人前では楽しい雰囲気を演じ続ける

私は人に接する時でも、
心がどんなにつらくても、
からだがどんなに苦しくても、
ほとんど必死で、楽しい雰囲気を
創《つく》る事に努力する。そうして、
客とわかれた後、私は疲労によろめき、
お金の事、道徳の事、自殺の事を考える。

（桜桃）

川野　自殺とか、それから死にたいとかいう表現も各所に出てくるんですよね、この作品の中には。

自殺と出てきた時は、ドキッとしましてね。

まああとあとで、そうなるんだろうけど、こういうところでふれてるのかなと思ったりもしてね。

頭木　ここに書いてあることは、ちょっと意外ですよね。

今までお話ししてきたように、太宰治って赤裸々に自分のことを書くのに、現実に人と接する時には、どんなに辛《つら》くても楽しい雰囲気を作るようにしていて、そのせいで、後でぐったりしているという言葉じゃないですか。

川野　ええ、そのようですね。

頭木　書く時には赤裸々に書いておいてという、その差もおもしろいですよね。

表面的には楽しい雰囲気をがんばって作るというのは、川野さんも、そういうところはおありですか？

川野　そうですね。まあ、後でぐったりするということはないですけれども。でもやっぱり、人と接する時は楽しく過ごせたらいいなというふうには、基本的には思っていますからね。

頭木　そうですね。

たとえば、病室なんかだったら、基本的にみんな悩んでいる人なわけですけれど、やっぱりそんな中でも、なるべく明るく楽しく過ごそうとする人は、けっこういますね。

大変なのに明るい人って、まあ立派だなみたいに、よく言われるんですけれどもね。けっこうそういう人って、急にポキンと折れちゃうこともあるんですよね。ずっと笑って楽しそうにしていたのに、そのままツーッと涙を流されたりね。

やっぱり本当は大変なんだなと思ったりしたことありますね。

川野　きっとそうなんでしょうね。そういうふうに本人が思ってるっていうことは、なかなか周りからはわからないですよね。

頭木　わからないですね。やっぱり明るくしてればね、周りもそのほうが楽ですからね。ある意味、強制される面もありますよね。

病院なんか特にそうですけど、深刻だからって深刻な顔をしていると、やっぱり嫌がられるところがありますからね。

明るくがんばって、辛くても陽気にやってる人っていうのが、ほめられて好かれて、いわば「良い子」「良い患者」で、そうしろとなんとなく強制されてるところもあって。

それは非常にストレスになったり、疲れになったりもする面がありますね。

川野 そうでしょうねえ。だから人間というのは、一筋縄ではいかない。表面的なもの、それから奥底にあるもので、二重三重にわからない。外から見るだけでは、とてもわかりませんね。

頭木 ええ。まあ太宰治は、こうやって人には明るく接していて、それで急に自殺未遂とかしてしまうわけですからね。

ある種、周りはびっくりしたでしょうね。

川野 そうでしょうね。

太宰治の絶望名言４——絶望音楽「男のくせに泣いてくれた」森田童子《もりたどうじ》

川野　では、ここで一曲、頭木さんに選んでいただきましたが、「絶望音楽」をお送りします。

森田童子さんの歌で「男のくせに泣いてくれた」（一九七六年発売の二枚目のアルバム『マザー・スカイ＝きみは悲しみの青い空をひとりで飛べるか＝』に収録）。

淋しかった　私の話を聞いて
男のくせに　泣いてくれた
君と涙が　乾くまで
肩抱きあって眠《ね》た
やさしい時の流れはつかのまに
いつか　淋しい　季節の風を
ほほに　知っていた

（♪森田童子「男のくせに泣いてくれた」より抜粋）

川野　頭木さん、お選びになったのは、どういう理由ですか。

頭木　そうですね。まずタイトルの「男のくせに泣いてくれた」。これもすごく太宰治的な感じがすると思うんですよね。歌詞の内容も、さびしい私の話を聞いてくれてですね、何か役に立つアドバイスをくれるとかじゃなくて、ただ一緒に泣いてくれた。これって本当に太宰的な感じがするなと。

川野　自分の心に寄り添ってくれると。

頭木　森田童子さんは、デビューアルバムのタイトルが『GOOD BYE グッドバイ』なんですよね。太宰治の最後の作品と同じですね。そのアルバムに入っている「まぶしい夏」という曲の歌詞には、太宰治が出てきます。森田童子さんは、きっと太宰治が好きだったんではないでしょうか？

なお、これは七〇年代の曲ですが、二〇一三年にも秋元康《あきもとやすし》さんの作詞で、NMB48の『太宰治を読んだか？』という曲があります。太宰治は永遠ということですね。

太宰治の絶望名言 5 ── すぐにやる気が失《う》せる

名案がふっと胸に浮かんでも、トカトントン
火事場に駈けつけようとして、トカトントン
お酒を飲んで、
も少し飲んでみようかと思って、
トカトントン
自殺を考え、トカトントン

（トカトントン）

川野　短編小説『トカトントン』の一節から、さらに抜粋をしてご紹介をいたしました。ああ、『トカトントン』というのは、なかなかおもしろいですよね。

頭木　ええ。このトカトントンという言葉には、特に意味はなくて。この小説の主人公はですね、何かをやるぞと熱い気持ちになると、どこからか、このトカトントンという音が聞こえてきて、やる気が急に失せてしまうんですね。そういうことの繰り返しっていうお話なんですけど。仕事のやる気が出ても、恋愛に夢中になっても、すぐにトカトントンと聞こえてきて、むなしくなってしまうんですね。

川野　でもこれは、トカトントンという音が聞こえるということを言い訳にして、自分が続かないことを言ってるんじゃないですか。そうでもない？

頭木　うーん、どうなんでしょう？　でもこういう心理、誰にでも少しはあるんじゃないでしょうか。たとえば仕事でも、こういう工夫をしたらうまくいくんじゃないかとか思いついたら、ちょっと夢中になったりするじゃないですか。でも、「この仕事を夢中になってやったからって、結局何になるんだ。人生どう変わるんだ、世の中どう変わるんだ」とか考えだすと、むなしくなっちゃうって、やっぱりありますよね。

川野　それをトカトントンという音で表しているんですね。

頭木　そこが、やっぱりおもしろいですよね。

じつはカフカも同じようなことを言っているんですよ（フェリーツェへの手紙）。

今ぼくがしようと思っていることを、
少し後には、
ぼくはもうしようとは思わなくなっているのです。

川野　カフカが言ってますか。

頭木　ええ。やっぱりね、太宰とカフカは同じようなことを言ってますね。洋の東西を問わず、やっぱりこういうことはあるわけですよね。

こう何かを熱くやろうと思っても、すぐむなしくなってしまう。人間って、やっぱり人生にですね、きっと何か大きなものを求めていると思うんですよね。「ああ、これだ！」っていうような自分にとって大きなものとか、あるいは世の中に大きな影響を与えることとか。でも、なかなかそういうことってないじゃないですか。

小さいことを積み重ねていくのが、やっぱり人生なんで。でも、どこかでは、やっぱり常に大きなものを求めていて。だから目の前の小さなことで熱く夢中になっていても、「これをやり遂げても、いったいどれほどのことがあるんだろう」と思うと、ついむなしくなってしまって、ああ、これだけのことなのかなと、もっと大きなことはないのかなと、そういう気持ちに襲われてしまうことがあるんだと思うんですよね。

川野　いわゆる道徳的な話からいくと、そういう小さなことを一つ一つ果たすことによって、大きなことに積み重なるんだよ。だから小さなこともおろそかにしちゃ駄目だよっていうふうに、諭《さと》されたりするじゃないですか。そういう話と、やっぱりちょっと次元がちがって、太宰治らしい表現だなっていうふうに思いますね。

頭木　そうですよね。まあ、小さなことの積み重ねが大事っていうのは、もうその通りだと思うんですけれど、やっぱり人間、どこかでね、何か大きなことを待ち続けている気持ちが、人生でずっとどこかにあるんじゃないですかね。

川野　それは言えるかもしれませんね。

頭木　だから、たんに面倒だとか、だらしないとか、根気がないとか、そういうことではなくて、人生に何か大きなものを期待しているからこそ、トカトントンが聞こえてきてしまう、ということもあると思いますね。

川野　なるほど。大きなことを、やっぱりどこかで求めている。

頭木　ぼくの場合、十三年間、病室を出たり入ったりだったので、小さなことさえ、なかなかないわけです。そうすると、もし病気が治ったら、どんなことでもできるような気に、大きなことでもなんでもできるような気になってくるんですね（笑）。

　でも、手術をして、ある程度、普通の生活が送れるようになると、まあ、そんな思ってたようなことは、やっぱりできないわけですよ。そうすると、その時の悲しさっていうのも、やっぱりありましたね。

　病気さえなければ、どんなに人生豊かだろうと思ったら、まあ、そうもいかないわけですよね。「生きるとは？」って、そこでやっぱりあらためて考えましたね。

川野　なるほどねえ。長い療養生活を送ってきた中での言葉が響いてきますね。

太宰治の絶望名言 6 ——弱さが生きる希望に／「弱さの強さ」なのか？

私は自分に零落《れいらく》を感じ、敗者を意識する時、
必ずヴェルレエヌの泣きべその顔を思い出し、
救われるのが常である。
生きて行こうと思うのである。あの人の弱さが、
かえって私に生きて行こうという希望を与える。
気弱い内省《ないせい》の窮極《きゅうきょく》からでなければ、
真に崇厳《すうごん》な光明は発し得ないと私は頑固《がんこ》に信じている。

（服装に就いて）

川野　これは太宰のエッセーの中の一節です。文中にヴェルレエヌとありますよね。有名なヴェルレーヌ、ポール・ヴェルレーヌ？

頭木　はい、そうですね。フランスの詩人ですね。けっこういろいろ大変な人で。結婚して奥さんもいたんですけれど、美少年のランボーを好きになってですね、同棲《どうせい》したあげく、別れ話のもつれでランボーを銃で撃ってですね、投獄されたりですね、放浪したり、無一文になったり……。

太宰は、このヴェルレーヌが好きで、よく引用しています。太宰の最初の本『晩年』の冒頭に引用されている有名な、「撰《えら》ばれてあることの恍惚と不安と二つわれにあり」も、ヴェルレーヌの詩です。

この太宰治の言葉の「あの人の弱さが、かえって私に生きて行こうという希望を与える」というのは、まさに太宰自身にも言える言葉だと思いますね。太宰治を読んで、やっぱり読者も、太宰の弱さが「かえって私に生きて行こうという希望を与える」というところがあるんじゃないでしょうか。

川野　はい。弱さ、絶望の言葉が、おっしゃるように、かえって生きて行こうという気を起こさせると、こういうことですね。

頭木　そういうことですね。まあ、なんで弱さとか絶望の言葉が、かえって生きて行こうという思いにつながるのか。その説明は難しいわけですけど。

たとえば落語でもですね、駄目な人ばっかり出てくるわけですよね。お酒で身を持ち崩したり、恋愛で死にかけたり、なんの仕事もできなかったり、借金が返せなかったり。まあ実際はかなり悲惨な救いのない話ばっかりなんですけれど。それでも笑えるのは、その駄目さを馬鹿にしたりとか否定したりとかではなく、中学生が友達のことを「お前、馬鹿だなあ」と笑うように、共感してみんな笑うからですよね。自分もまた、どこか駄目だから、笑えるわけですよね。

太宰の文学も、そういう共感を読者に呼び起こすと思うんです。共感できると、人はなぜか救われるんですよね。少しだけ生きて行ける気がするというか。それは少しなんですけれど、でもやっぱり、その少しがすごく大きいんですよね。

川野　そうですよね。その少しは大きい。文章を読んでいても、それは悲惨な状況をいろいろ書いているところも多いんですけれども。でもなんか明るさというか、救われる点というのがあって。おっしゃるような落語を聞いているようなところがあって。へぇと思いますよね。

頭木　はい。ぼくは太宰と落語に、なぜかすごく共通性を感じていたんです。太宰の文章って、夏目漱石《なつめそうせき》みたいに落語っぽかったりはしないですけれど、なんとなくそれでも感じてたんです。そうしたら、やっぱり太宰って落語を愛読していたようです。

太宰って、あんまり本を持たない人だったらしいんです。普通、作家の部屋って、本がズラッとあったりするもんですけど、太宰はほとんどなくて。ただ、落語家の三遊亭円朝《さんゆうていえんちょう》の全集だけは、ずっと持ってたらしいんです。三遊亭円朝というのは、落語の神様と言われる明治期の名人なんです。

落語には絶望に根ざした笑いがあって、太宰も同じじゃないかなと思います。

川野　なるほど。

川野　太宰は弱さに救われると書いている一方で、こういうふうにも書いています。「気弱い内省《ないせい》の窮極《きゅうきょく》からでなければ、真に崇厳《すうごん》な光明は発し得ないと私は頑《がん》固《こ》に信じている」

太宰の創作への、まあ言ってみれば覚悟ですかね。そういうものさえ感じますね。

伝えられているような太宰のイメージ、まあたしかにそういう面はあるでしょうけれど、本当に太宰は気弱な弱い人なんですか、頭木さん？

頭木　ぼくはですね、本当に弱い人だと思います。

川野　えっ！　そうですか！

頭木　ええ。よく「弱さの強さ」とかね、「本当は強いんじゃないか」とか、それってほめ言葉として言われると思うんですけれど、「弱さの強さ」と言ってしまうと、結局、強いのがいいということになるじゃないですか。弱いより強いのがいいっていう価値観ですよね。

そうではないと思うんですよね。太宰は。弱さには、弱いからこそ価値があり、魅力がある、そう言っているんじゃないでしょうか。

この言葉も、ちょっと難しい言葉ですけれど、ようするに心が弱いからこそ、そこから光が発するというようなことですよね。

弱いからこそ気づけることって、たくさんあると思うんです。強かったらまったく気づけないこと。たとえば、いろんな段差があっても、強い人なら何にも気にせずヒョイヒョイ行きますけれど、足が弱ければ、いちいち段差に気づくわけですよね。

炭鉱にカナリアを持って入るというのも、それはカナリアが弱いからで、弱いからこそ、いち早く危険に気づいてくれる。それで持って入るわけですよね。これが強いカナリアだったら、駄目じゃないですか。

川野　危険に気づいてくれませんね（笑）。

頭木　ええ。弱いから、カナリアが役に立つし、助けになるわけですよね。そういう弱さのすばらしさって、いろいろあると思うんです。太宰が言っているのは、そういう意味じゃないかなと、ぼくは思うんですよね。本当に弱いからこそ、他の人には気づけないことに気づけるということじゃないかなと。

川野　そうなんですね。なるほど、わかります。

頭木　この太宰の言葉からは、中国の古典『菜根譚《さいこんたん》』にある、「光り輝くものは常に暗やみの中から生まれ出る」（岩波文庫）という言葉も思い出されますね。

太宰治　ブックガイド

『人間失格』
新潮文庫

やっぱり、まずはこれでしょう！　太宰治の作品の中でも、最もよく読まれている小説。文庫が各社から出ています。青空文庫にもあります。私はこの文庫で読みました。

『絶望読書』
頭木弘樹・著　河出文庫

また自分の本ですが、太宰治の短編『待つ』について書いてあります。文庫で3ページという、とても短い作品ですが、じつに深く、すばらしく、私は大好きなんです。

『太宰治の手紙：返事は必ず必ず要りません』
小山 清・編集
河出文庫

太宰治の100通の手紙がセレクトされ、注も。選んだのが小山清というのがうれしい。太宰の門人で、これまた独特の魅力のある小説家です。

『太宰治 ちくま日本文学008』
ちくま文庫

太宰治のさまざまな作品を、とりあえず1冊で読みたいと思ったら、これでしょう。なお、ちくま文庫からは、『太宰治全集』全10巻も出ています。

芥川龍之介

第5回放送

絶望名言

「生きるのは苦しい」から「苦しいのは当たり前」に

どうせ生きているからには、
苦しいのは
あたり前だと思え。

（仙人）

川野　今回ご紹介するのは、芥川龍之介《あくたがわりゅうのすけ》の絶望名言です。『蜘蛛《くも》の糸《いと》』『羅生門《らしょうもん》』など、教科書に載っている作品も多く、授業で読みましたという方も多いのではないでしょうか。

頭木　そうですね。

前回は太宰治をご紹介させていただきましたが、今回は芥川龍之介です。太宰治は芥川龍之介をすごく尊敬していたそうです。芥川賞をぜひ取りたいと、選考委員の人達にお願いの手紙を書いたりしていて、それぐらい好きだったんですね。

川野　冒頭でご紹介した名言は、どの作品に収められているんでしょうか？

頭木　これは『仙人』という短編小説の中の言葉です。

芥川は、同じ『仙人』というタイトルの児童文学も書いていますが、そちらは三十歳の頃のもので、こちらは二十三歳のときの、ごく初期の作品です（一九一五年七月）。

翌年に『鼻』という有名な短編を書いています。

川野　禅智内供《ぜんちないぐ》の『鼻』ですね？

頭木　はい。禅智内供という長い鼻の僧が主人公の短編小説ですね。これを夏目漱石に大変ほめられて、そこから本格的な作家活動に入ることになります。なので、『仙人』は、名を成す前の、本当に若い頃の作品なんです。けれど、もうすでにこんな絶望的なことを言ってるんですね。

この「どうせ生きているからには、苦しいのはあたり前だと思え」っていうのは、ちょっと偉そうな感じにも聞こえるかもしれません。上からお説教しているような。

でも、じつはこれ、短編の中では、非常に貧しい男が、ねずみに向かって、こういうふうに言ってるんですね。もちろん、本当にねずみに説教しているわけではなくて、ようするに、自分に言い聞かせている言葉なんですね。

川野　ああ、そうなんですか。

「どうせ生きているからには、苦しいのはあたり前だと思え」

うーん。そうかもしれないというふうに思うんですけれども……。

頭木　芥川は小さい頃から、けっこう苦労していたんですね。

生まれて八カ月後には、お母さんが精神病院に入ってしまって、母親の実家のほうに預けられて、伯母に育てられます。そして、芥川が十歳の時に、母親は亡くなってしまうんです。

その後、十二歳の時から伯父の養子になってですね。じつは芥川という名字になったのは、その時からなんですね。

川野　そうなんですか。

頭木　ええ。もともとは新原《にいはら》という名字で。

そういう生い立ちのせいもあってですね、この『仙人』の言葉を書く前ですが、親友に手紙を書いてるんですけれど、その中で、こんなふうに書いているんですね。

周囲は醜い。自己も醜い。
そしてそれを目のあたりに見て生きるのは苦しい。

（井川恭・宛　大正四年（一九一五年）三月九日付）

「生きるのは苦しい」ということを、もう小さい頃から本当に実感として感じていたんですね。それを小説に書いたということですね。

川野　なるほど。「生きるのは苦しい」が、ひっくり返って「生きているからには、苦しいのはあたり前だと思え」というふうになったんですね。

頭木　そうなんです。これ、同じようですけれど、じつはけっこう大きなちがいだと思うんです。

というのは、「生きるのは苦しい」っていうのは、本当に辛《つら》いじゃないですか。だけど、「生きているからには、苦しいのはあたり前だと思え」と言われると、そうか、生きているんだから、もう苦しいのはあたり前なのかというふうに思えて、ちょっとね、救われるところもあるというか……。

川野　なるほど。そういうニュアンスのちがいがありますよね。

頭木　ええ。そのあたりが、生活の実感から作品が生まれ、作品の中ではそういう実感が昇華されているという、そういうところがあるように思います。

川野　この手紙の「生きるのは苦しい」という言葉で、前回の太宰治が浮かび上がってきます。

――生きている事。生きている事。――

ああ、それは、何というやりきれない息もたえだえの大事業であろうか。（斜陽）

という絶望名言を残しているんですよね、太宰治は。

頭木　そうですね。よく似ている言葉ですよね。

やっぱり二人とも、すごく敏感で繊細だったと思うんですよね。たとえて言えばですね、普通の人だと肌をタオルとかでゴシゴシこすったら、乾布摩擦になって、健康になっていきますよね。でもこの二人の場合は、ちょっと何かが触れても、すぐ肌荒れになって痛くなってしまうと。そういう心だったということではないでしょうか。だからたぶん太宰は、芥川を読んだ時に、自分に似た人だと感じたと思うんですよね。

川野　年は少し開いていますよね。

頭木　開いてますね。芥川のほうが十七ほど年上です。だから、そういう先を歩く似た人がいるっていうのは、太宰にとっては、かなりありがたいことだったんじゃないかと思います。

川野　頭木さんは、難病を患《わずら》ってこられたわけですけれども、生きるのに苦しさを感じたことは、どうですか？

頭木　そうですね……。病気になった時にはですね、もう生きるだけで大変なんですよ。生きていく上で何かするのが大変というよりも、もう生きるだけでも大変で。

そうすると、「他の人はそうじゃないのに」っていう思いに、どうしてもとらわれて。同じ人間に生まれながら、みんなは楽しく生きているのに、なんで自分だけは、こんなに生きるだけで大変なんだっていう思いには、ずいぶん苦しみましたね。

でもですね、よくよく気をつけてみると、みんな誰でもやっぱり生きるのは苦しいんですよね。

川野　だろうと思います。

頭木　むしろ、そっちがスタンダードで。苦しくない人のほうが、かえって珍しいんじゃないかとは思います。

ただぼくなんかは、自分だけが苦しいような気でいたんで、みんなが苦しいっていうことに気づけたのも、やっぱり芥川のこういう言葉とか、やっぱり文学のおかげでしたね。文学を読むと、本当に暗い心とか辛《つら》い心とか、とことんまで描いてあるじゃないですか。普通に生活していると、会話でそこまで心のうちを見せる人っていませんし、やっぱり辛いことは見せないようにしていることが多いですからね。

世の中に普通に語られることって、成功体験が多いじゃないですか。苦労話もありますけれど、結局、乗り越えた人の話なんですよね。乗り越えなかった人の話って、なかなか出て来ないじゃないですか。だけど文学だけは、そういう話を書いてくれるわけですよね。

そうすると、苦しい時にそれを読むと、自分だけじゃないっていう思いにもなるし、共感もできるし。それは非常に救いでしたね。

だからこの芥川の言葉も、非常に救いがない言葉に聞こえるんですけれども、でも時と場合によっては、これは非常に慰《なぐさ》められる言葉なんですよね。

芥川龍之介の絶望名言 2 ―― 小さなことを愛すれば、小さなことに苦しめられる

人生を幸福にするためには、
日常の瑣事《さじ》を愛さなければならぬ。
雲の光り、竹の戦《そよ》ぎ、群雀《むらすずめ》の声、行人《こうじん》の顔、
――あらゆる日常の瑣事の中《うち》に
無上の甘露味《かんろみ》を感じなければならぬ。
人生を幸福にするためには？
――しかし瑣事を愛するものは
瑣事のために苦しまなければならぬ。

（中略）

人生を幸福にするためには、
日常の瑣事に苦しまなければならぬ。
雲の光り、竹の戦ぎ、
群雀の声、行人の顔、
――あらゆる日常の瑣事の中に
堕地獄《だじごく》の苦痛を感じなければならぬ。

（侏儒《しゅじゅ》の言葉）

頭木　これは『侏儒《しゅじゅ》の言葉』という、晩年の名言集のような本の中の一節なんですけれど、途中ちょっと一部省略してご紹介させていただきました。

これはじつは、ぼくは非常に衝撃を受けた言葉なんです。ちょっと言い方は難しいですけれど、前半はようするに、日常のなんでもないささやかな細部を大切にし、その美しさとすばらしさに気づいていくことが、人を幸福にしていくと。そういうことを言っているわけですよね。

これはまあ、同意見な人、多いと思うんです。私自身もそういうふうに思っていましたし、人にも勧めていることなんです。雀がいたとか、風がそよいだとか、雲がきれいだとか。そういう細部を愛することが人の幸せだという。

ところが芥川の言葉は続きがあるんですね。ささやかなことを愛する人間は、ささやかなことにも苦しめられなければならないというふうに後半で言ってるんです。

これはたとえば、道端の花の美しさに気づく人は、その花が枯れていく悲しさにも気づいてしまうわけですよね。蝶《ちょう》がヒラヒラ飛ぶのを美しいと感じられる人はですね、虫の死骸が落ちている無残さにも気づいてしまうわけですよね。お味噌汁がおいしいというだけで幸せな気持ちになる人は、味噌汁がおいしくないだけで、悲しくなるわけですよね。

だから、ささいなことで幸せを感じることのできる人は、ささいなことで、そういう辛さも感じてしまうというふうに芥川は後半で言ってるんです。

これは非常に鋭い指摘で、言われてみれば、たしかにそうなんですよね。

川野　そういうものかもしれません。

頭木　ぼく自身も、そういう経験があります。たとえば道ですれちがった、どこの誰かわからない人が、いい笑顔だったというだけで、なんか一日気分が良かったりもするんですけれど、その代わりに、道ですれちがった誰だかわからない人が、非常に眉間にしわが寄っていたり、不愉快な顔をしているだけで、なんかこっちの心までちょっとふさいじゃったりして。

それは、いいことでは、やっぱりないんですよね。幸せになるほうは、いいかもしれないですけど。落ち込むほうは、いいことではなくて。

それこそ身体のことなんかでもですね、普通の人なら大して気にしないようなちょっとした異変でも、いちいち気になってしまうわけですよ。それで心配になって、すごい不安になって。
たしかに、小さい幸せにも気づく代わりに、すごく小さなことにも左右されて落ち込んだりもしているなと思って。この芥川の指摘は、非常に鋭いなと感じましたね。

川野　鋭敏だと言われている芥川らしい言葉ではありますし、それをなんていうか、私たちに知らしめてくれる名言ということになりましょうね。

頭木　そうですね。だから、たとえば舌がすごく敏感だと、おいしい食べ物に気づけるじゃないですか。いろんなおいしさに気づけるという喜びがあるわけですけれど、その代わり、まずさにも気づけるわけですよね。舌がいいだけに、いろんなものを食べられないっていう人もいるわけで。そういう両面がたしかにあるなと思いますね。

ぼくも治療のために絶食を長く続けたことがあって。そうすると早く物が食べたくて食べたくて。ようやく病院のおかゆが食べられるようになった時に――ずっと舌を使っていないと鋭敏になるんですよ、かえって。いろんな濃い味を味わっていないので、どんな薄い味までも全部感じるようになっちゃって。そうすると、病院のおかゆが、せっかくの待望のおかゆが、おいしくなくて、なかなか食べられなかったんです。だから敏感というのは、いい面と苦しい面とありますよね。

だから、前半の綺麗事《きれいごと》だけで終わらせずに、ちゃんとそうじゃないところまで指摘できるっていうのは、やっぱり芥川はすごいですね。

川野　そのバランスが取れると、一番いいんですけれどもね。

頭木　そこは難しいですね。間を取るって、けっこう難しいことで。またその、鈍感になってしまえば、それこそ雲の光とか竹のそよぎとか、そういう幸せも感じられなくなる面もありますし。どっちがいいのか、難しいですね。

一番避けたいのは、小さな幸せは感じないんだけど、小さな苦しみだけは感じるっていう人もけっこういるわけで……。

川野　ああ、それはありえますね。

頭木　ぼくもそういう人間だったかもしれないです。小さいことにはくよくよしてしまうけど、小さい喜びはぜんぜん目に入らない。でも、それだけは避けたいですね。

芥川龍之介の絶望名言 3

死は恐怖であり、救いでもあるという矛盾

万人に共通した唯一の感情は
死に対する恐怖である。
道徳的に自殺の不評判であるのは
必ずしも偶然ではないかもしれない。

あらゆる神の属性中、最も神のために同情するのは
神には自殺の出来ないことである。

（侏儒《しゅじゅ》の言葉）

頭木　今回は、川野さんにも芥川の絶望名言を選んでいただきました。

（太宰治の回の時に、川野さんにも名言をひとつ選んでいただいたことをきっかけに、それ以降、慣例になりました）

川野　これも『侏儒の言葉』からで、前半が「自殺」という題の言葉で、後半が「神」という題の言葉です。

頭木　いやぁ、これはまた重い言葉をお選びになりましたね。

川野　そういうふうに言われると、「えっ？」というふうに逆に思うんですけれども。

私、芥川龍之介という人は、自殺という言葉がすぐ浮かんでくるんですね。「ああ自殺をした、あの人だ」と。ですから分かちがたく結び付いていて、それでこれを選んだというのが真相で、そんなに深刻に自分が考えたというわけではないのですが。

頭木　ああ、そうなんですね。

この言葉、一方では死に対する恐怖があると言いながら、もう一方では自殺できない神には同情すると言っていて、矛盾していますけれど、そこがおもしろいですよね。
死が、恐怖でありながら、一種の救いとしてもあつかわれているんですよね。神には、その救いがないと。
この言葉をお選びになったということなんですけれども。川野さんご自身は、自殺をお考えになったこととか、あるいは、死が救いかもしれないなとか、そういうふうに思われたことって、おありになりますか?
川野　自殺はないですけれども、「これで死んでしまうのかな」というふうに思ったことはあります。病気した時です。
頭木　ああ、そうですね。
川野　今回の脳梗塞による入院はですね、二カ月以上に渡りましたから、もしかしたら、このまま死んでしまうのかなという思いが、一瞬、頭をよぎりました。
ですけれど、自殺とは結び付かないで、だからこのまま死んでしまってはまずいよな、死んでしまいたくないよなというふうには思いました。
頭木　やっぱり、その時は、死に対する恐怖のほうっていうことですか?
川野　ですね。はい。

頭木　その、なんでしょう、死が救済的というようなことは、やっぱりそういう時は考えないですよね？

川野　はい。私は死について深く考えるということは、それまでなかったものですから。入院をすることによって、死というものと隣り合わせになる、死の淵を覗《のぞ》いたという感じにはなってですね、「ああ、どうなるかわからない人生、これでいいのかな」っていうふうに思ったことはありますね。

頭木　そうですよね。ぼくも、病気をした後は、もう自殺を考えるということはなくなりました。

　というか、逆に、放っておくと死んでしまうので（笑）、いかに生きるか、ということが課題になりました。前にもお話ししましたが、病気によって首を締められているという感じで、なんとかその手を振り払いたいという思いだけでしたね。

川野　そうでしたか。じゃあ、自殺という言葉を聞いても、それが自分の、これからの人生とは関係ないというふうになりましたですか？

頭木　そうは言えないですね。病気をしてみて、生きていられないほど苦しいことがあるっていうこともよくわかりましたから。

生きていられないほど苦しいというのは、心の悩みということだけじゃなくて、ただ痛いっていうことだけでもそうなんですよ。

ぼくは、手術の時に麻酔ミスがあってですね。非常に痛かったんですね。これがなかなかね、わかってもらえなくて。ICU（集中治療室）で看護師さんに訴えても、「先生を呼ぶと叱られるから」って言って呼んでもらえなくてですね。一晩中、すごく苦しんだ時に、もう痛くて目も見えなくなるんですよ。ICUの窓にはブラインドが取り付けてあって、光の横筋がたくさん見えていたんですけど、それが見えなくなりました。後から思ったんですが、よく出産の時に「障子の桟が見えなくなるくらい痛い」ということを昔から言うようですが、そういうことを体験したのかなと。妊婦さんへの尊敬心はとても高まりました（笑）。

「これ以上痛くなったら、もう窓から飛び下りる」って、かなり本気で看護師さんに言って、ようやく医師を呼んでもらえて、薬を変えてもらえたんですけれどね。薬を変えたら、すぐに楽になって、本当にほっとしました。

飛び下りたくなるほどの痛みがあるということは、なのでわかります。私の場合、手術は成功していたわけで、それでもあんなに痛いんですから、もっともっとひどい痛みもあると思います。恐ろしいことです。

身体のことにしろ、心のことにしろ、いくら「生きたい！」と心から思っている人でも、それでも耐えられなくて死にたくなることがあるというのは、たしかに、あり得ることです。

やっぱり芥川が言ってるように、矛盾した両面がありますね。

川野　では続いて、芥川が地獄について語っている言葉がありますので、それをご紹介します。

芥川龍之介の絶望名言 4 ――曖昧《あいまい》さに耐えられない

人生は地獄よりも地獄的である。

地獄の与える苦しみは一定の法則を破ったことはない。
たとえば餓鬼《がき》道の苦しみは
目前の飯を食おうとすれば飯の上に火の燃えるたぐいである。

しかし人生の与える苦しみは不幸にもそれほど単純ではない。
目前の飯を食おうとすれば、火の燃えることもあると同時に、
また存外《ぞんがい》楽楽と食い得ることもあるのである。

のみならず楽楽と食い得た後《のち》さえ、
腸加太児《ちょうカタル》の起ることもあると同時に、
また存外楽楽と消化し得ることもあるのである。

こういう無法則の世界に順応するのは
何びとにも容易に出来るものではない。
もし地獄に堕《お》ちたとすれば、
わたしは必ず咄嗟《とっさ》の間に餓鬼道の飯も掠《かす》め得るであろう。
いわんや針の山や血の池などは二三年其処《そこ》に住み慣れさえすれば
格別跋渉《ばっしょう》の苦しみを感じないようになってしまうはずである。

(侏儒の言葉)

頭木　「人生は地獄よりも地獄的である」という冒頭の部分だけが、わりと有名なんですが、じつはその後の説明の部分がすごくおもしろいです。

川野　おもしろいですね。

頭木　なんで人生は地獄よりも地獄的なのか？

普通、地獄のほうが嫌じゃないですか。

芥川が言っているのは、ようするに地獄の場合は、必ず良くないことが起きるわけですよね。なにしろ地獄ですから。だから、良くないことが起きるとわかっているから、もう自分はそのうち対処できるようになるだろうと。

川野　フフフ。それはずいぶん簡単に考えているような感じがしますけど。

頭木　そうですね。

で、一方、この現世はですね、この先、いいことが起きるか悪いことが起きるかわからないと。

普通に考えると、悪いことばかり起きると決まっているより、いいことが起きるか悪いことが起きるか分からないほうが、ましじゃないですか。

でも、芥川はそうじゃないと言うんですね。

悪いことが起きるとわかっているほうが、まだましで、いいことが起きるか悪いことが起きるかわからない、そういう先行きがわからないということ自体が、地獄よりも地獄的だと。

その、将来何が起きるかわからない不安、これこそが地獄より苦しいと言っているんですね。

で、まあ芥川は自殺したわけですけれども、友人に残した遺書の中でも、自分が自殺する理由について、

僕の場合はただぼんやりした不安である。
何か僕の将来に対する
ただぼんやりした不安である。

というふうに書いているんですね。

これはもしかすると、将来、いいことがあるか、悪いことがあるか、何が起きるかわからない。そういう漠然とした不安。それが非常に辛《つら》いということを言っ

ているのかもしれません。

芥川の言っていることは、わからないと言えばわからないですけど、誰でも、わかると言えばわかる言葉じゃないでしょうか。

言われてみれば、人間って、なんかやっぱりはっきりしているのが好きだと思うんです。「白黒つけたがる」ということを、よく言いますけど。どっちかはっきりしているほうが好きじゃないですか。

たとえば「優しいけど冷たい人」って、なんかわかりにくいですよね。どういう人なのかわかりにくい。でも、そういう人は、いくらだっているわけですよね。実際は、人の気持ちなんて、すごく曖昧なものです。誰かを好きなのか嫌いなのかさえ、本当はよくわからなかったり。そういうことはいくらでもあるわけですよね。でも、やっぱり恋愛とかでも、「本当に好きなの?」とか、はっきりさせようと問いつめたりするわけじゃないですか。

川野 しますね。ええ。

頭木 曖昧さというものに、なかなか人間は耐えられないと思うんですよね。

川野 そういうふうにお話をうかがうと、この芥川の名言も、なるほどとだんだんお腹《なか》に落ちてくる感じはしますね。

頭木　この「人生は地獄よりも地獄的である」というだけだと、ちょっとわかりにくいですよね。

でも、「曖昧さは、人間にとって非常に苦しいものである」というのは納得できる人が多いんじゃないでしょうか。

絶望音楽「地獄変」芥川也寸志《やすし》

（放送では、時間の関係でカットになりましたが、本当はここで、絶望音楽をご紹介する予定でした。

どういう曲を紹介するつもりだったかだけ、ここに記しておきます。

一九六九年九月二〇日公開の東宝映画『地獄変』のテーマ音楽です。

作曲は、芥川也寸志。

『芥川也寸志の世界』（ポリスター）というCDに収録されています。いい曲です。

映画『地獄変』の原作は、芥川龍之介の同名の短編小説です。作曲した芥川也寸志は、芥川龍之介の三男。

芥川龍之介は音楽好きでした。也寸志がまだ二歳の一九二七年に、父の芥川龍之介は自殺してしまいましたが、也寸志は父の遺品であるSPレコードを愛聴し、なかでもストラヴィンスキーが気に入って、もう幼稚園の頃には『火の鳥』の「子守唄」を口ずさんでいたそうです。そして、大人になって作曲家、指揮者になることに）

関東大震災で突き付けられた弱さ

災害の大きかっただけに
こんどの大地震は、我々作家の心にも
大きな動揺を与えた。
我々ははげしい愛や、憎しみや、
憐みや、不安を経験した。

（震災の文芸に与うる影響）

頭木　これは『震災の文芸に与うる影響』という随筆の中の一節なんです。

川野　この中で大地震と言っているのは、あの関東大震災のことですね。

頭木　そうです。芥川は関東大震災を体験しているんですね。当時三十一歳で、現在の東京都北区の田端に住んでいて、田端は地盤が比較的しっかりしているらしくて、幸いにもそれほど被害はなかったらしいんですけれども、関東大震災自体が大変な大災害で、芥川もいろいろ文章に残していますね。

川野　さっきおっしゃった、何が起こるかわからない不安というのが、地震として的中したわけですね。

頭木　そうなんですよ。だからじつは、芥川は関東大震災を予言したとも言われてるんです。なんでかというと、友達にですね、本当に真顔で、「今年きっと何か天変地異がある」と言ってたらしいんですよ。その後すぐに、この関東大震災が起きて、みんなびっくりしたらしいんですね。予言が当たったと。

ただ、これは予言が当たったというより、芥川はいつも、いつ何が起きるかわからないという不安を抱えていたわけで、この時それが本当に起きてしまったということでしょうね。

川野　震災にあって、芥川はどういう行動を取ったんですか？

頭木　普通に考えると、予言していて、何か起きると思っていたわけですから、落ち着いてそうじゃないですか。

ぜんぜんそうじゃないんですね（笑）。

でも、そうですよね。起きるか起きるかと思っていて、起きたら、余計びっくりするっていうのもありますよね。映画監督のヒッチコックも、いきなり電話が鳴るより、電話をカメラがアップで映して、鳴るぞ鳴るぞと観客に思わせて、それから鳴らせるほうが、ショックが大きいものだというようなことを、たしか言ってました。

だから、地震でグラリと家が揺れた時に、芥川はたちまち一人で家の外に飛び出して、逃げちゃうんですよ。

赤ちゃんが二階に寝ていたんですね。芥川の奥さんのほうは、すぐ二階に行って、寝ていた赤ん坊を連れて、それから外に逃げ出しているわけです。

先に一人で逃げた芥川のことを、奥さんはずいぶん怒ったそうです。「赤ん坊が寝ているのを知っていて、自分ばかり先に逃げるとは、どんな考えですか」と。

川野　それは怒りますね。

頭木　ええ。そうすると芥川は、こうひっそりと言ったというんですね。

人間最後になると自分のことしか考えないものだ。

川野　ひっそりと。そうですか。

頭木　しかもですね、震災の翌日には熱を出して寝込んでしまうんです。やっぱりショックだったんですね。

たしかに立派とは言えないですし、情けないとさえ言えるかもしれないんですけど、とても人間的ですよね。こういう弱さこそ、文学者には必要なものじゃないかと思うんですよね。でないと、人間の本当の弱さとか駄目さとか、そういうものって描けないじゃないですか。絶望した時に、こうやってぶっ倒れてしまう人だから、その倒れたところから見た世の中というものを、はじめて書けるんだと思います。

絶望の目で見ることで気づく美しさ

自然はこういう僕にはいつもよりも一層《いっそう》美しい。
君は自然の美しいのを愛し、しかも自殺しようとする
僕の矛盾を笑うであろう。けれども自然の美しいのは
僕の末期《まつご》の目に映るからである。
僕は他人よりも見、愛し、かつまた理解した。
それだけは苦しみを重ねた中にも
多少僕には満足である。

（或旧友へ送る手記）

川野　最後のこれは、頭木さんの心にしみじみと響く言葉ということですが。
友人に宛てた遺書の一節なんだそうですね。

頭木　そうですね。友人の作家、久米正雄に宛てたもののようですね。
最近、『天国に行けないパパ』というコメディ映画を見たんですけど、主人公の中年男性が、ちょっとした間違いで、自分がもうじき死ぬと思い込んでしまうんです。
そうすると、それまでは出世だとかお金だとか、そういうことしか気にしていなかったのに、急に花とかを買って花瓶に飾ってですね、しみじみ「美しい……」って眺めたりし始めるんですよ。それで同僚が、いったいどうしたんだって不思議がるというようなシーンがあるんですけど。
これって、誰でも納得できますよね。もうじき死ぬかもみたいなことになったら、急に花が美しく見えてきたり、そういうことって、やっぱりありますよね。

川野　ありえます。

頭木　ぼくもやっぱり、病気になった後、自然の見え方ってまるで変わったんですよ。

非常に美しく見えるようになって。たとえば病院の中からちょっと外に出るとですね、病院ってだいたい緑がちょっとあったりするんですけれど、あれって非常に大切で、まあ、そりゃあきれいに見えるんですよ。もう木漏れ日なんか、キラキラでね。葉っぱがちょっとそよいだりしているだけでも、本当に感動してしまうんですよね。

そういう美しさというものは、しみじみ自分も実感したわけなんですけれども、ただ、最近ふと疑問に思ったんです。これは死にかけたりしたから、そういう特殊な状況だから、美しく見えるだけであって、本当に美しいわけじゃないのかな？それこそ脳内麻薬とかが出てですね、そのせいでちょっと美しく見えちゃったりするだけなのかな？　そんな疑問がわいてきたんです。

だけれども、さらによくよく考えてみると、やっぱり自然自体が本当に美しいんだと思うんです。ただ普通はそれに気づけない。死にかけるような極限状態だから初めて気がつけた、ということだと思うんです。

だから、美しいのが錯覚なわけでは決してなくて、なかなか気づけないだけで、芥川も言っているように、末期の目で見ると気づけたり、何かそういう人生の大ピンチに陥ったりすると、初めてその美しさに気づける。美しさ自体は、もともとあったんですよね。それになかなか気づけない。気づいてしまえば、もうずっと美しいんですよ。

そういうことをちょっと思って、あらためて芥川の言葉がしみましたね。川野さんは、自然が美しいなとか、しみじみ思われたことはありますか。

川野　やっぱり退院してからですね。

頭木　やっぱりそうですか。

川野　はい。病院って、たしかに緑が飾ってあったり、窓の外から見える景色、ちょうど退院した頃は、まだ桜の季節には早かったですけれども、なんか木々の緑がうっすらと、二月の末ぐらいですかね、緑が少しずつ出てくる頃かなぁという感じでね。こういう世界に、やっぱり早く戻れるといいなと思いながら、毎日を暮らしていましたから。

ですから、しみじみと、それまでなんにも見向きもしなかったような植木鉢の草花とか、水やりをすると、なんか生き生きと生き返ったような、そんな感じを受けるものですから。水やりの係が私です、最近。

頭木　水やりの係なんですね（笑）。以前はそういうことは、あんまりお感じにならなかったですか？

川野　感じませんでしたね。はい。

頭木　ぼくもかなり田舎のほうで育った子供だったので、小さい頃は、むしろ自然のありがたみなんか何にも感じていなくて。むしろ全部コンクリートになって、お店ばっかりになったらいいのにと思ってたんですよ。都会に憧れて、コンクリートに憧れるような人間だったんです。

でも、病気をして、いったん自然の美しさに気づいてからは、もう本当に自然なしでは生きられなくなりましたね。こんなに美しいものだったかと。そういうあらためて気づくということは、やっぱりありますね。

川野　そうですねえ。ですから自然を美しくしようとかですね、活動している人も応援したくなりました。

頭木　そうですね。そういうことは、まず経済活動があって、その次のことだって言う方も多いんですけれど、まあこちらの実感としては、生きていくためには、まず必要だという思いも強いですね。

川野　最後に頭木さん、芥川の絶望名言の魅力はですね、どんなところにあるというふうにお感じになりますか。

頭木　これもやっぱり友達に残した遺書の中の言葉なんですけれども、芥川がこういうことを言っているんですね。

僕の今住んでいるのは氷のように澄み渡った、病的な神経の世界である。

もう本当にヒリヒリした言葉ですけれども。こういう研ぎ澄まされた、張りつめた神経。それでもって世の中をとことん突き詰めた作家ですよね。

誰しも、そういう神経質なところがあったり、いろいろ突き詰めたことを考えることはあると思うんですけど、なかなか最終的なところまでは行けないというか、どこかであきらめてしまう。突き詰め続けることは、やっぱり苦しいですから。

でも芥川は、自殺になってしまいましたけれど、自殺するところまで、鋭い神経で、とことんまで突き詰めていってくれたわけですよね。世の中というものを。

それはなかなか普通の人間にはできないことで。突き詰めるだけじゃなくて、それを書き残してくれたわけじゃないですか。それを読むことによって、擬似的にですけれど、知って体験できて、それは非常に大きいことだと思うんです。それこそ誰にも行けない地域まで行って、旅行記を残してくれたというのに似ていて、世の中を鋭い敏感な神経で突き詰めて見つめていくと、どう見えるのか、それをとことんまでやってくれた人というところに、非常に魅力を感じますね。

初めて読む時には、そこまで突き詰めたものというのは、ちょっと入りにくいかもしれないです。ヒリヒリし過ぎていますからね。ただ読んでおくと、いつか自分がそういう、ある程度、淵《ふち》まで行ってしまうと、非常にこれが役立って、時には、それが逆に自殺まで行かずにすむ助けになるかもしれないですよね。

芥川の絶望名言があるとないとでは、やはり大変な差だと思います。

芥川龍之介　ブックガイド

『侏儒の言葉』
文春文庫

放送の中でたくさんの言葉をご紹介した『侏儒の言葉』。雑誌「文藝春秋」の創刊号から巻頭にずっと連載されていたものです。青空文庫でも読むことができます。

『河童』

放送でご紹介した『或旧友へ送る手記』が入っています。晩年の作品8編を収めた短編集。表題作と『桃太郎』『雛』『点鬼簿』『蜃気楼』『歯車』『或阿呆の一生』。

『芥川龍之介集　妖婆 文豪怪談傑作選』
東 雅夫・編集

芥川の怪談作品ばかりを集めた、面白い趣向のアンソロジー。編者は怪談アンソロジーの名手。さすがのセレクトで、秘蔵の怪談実話ノート「椒《しょう》図《ず》志《し》異《い》」も完全収録。

『芥川追想』
石割 透・編集
岩波文庫

芥川と関わりのあった同時代の48人による、芥川の回想録。谷崎潤一郎や萩原朔太郎などの作家、恒藤恭、松岡譲、久米正雄などの友達、芥川夫人やお手伝いさんの文章も。

シェークスピア

第6回放送
絶望名言

シェークスピアの絶望名言 1
わかっちゃいるけどやめられない

あとで一週間嘆《なげ》くことになるとわかっていて、
誰が一分間の快楽を求めるだろうか？
これから先の人生の喜びのすべてと引き換えに、
今ほしい物を手に入れる人がいるだろうか？
甘い葡萄《ぶどう》一粒のために、
葡萄の木を切り倒してしまう人がいるだろうか？

（ルークリース）

川野　シェークスピアは、よく知られたイギリスの戯曲家、詩人、劇作家。代表作は四大悲劇『ハムレット』『オセロ』『リア王』『マクベス』の他、『ロミオとジュリエット』『ベニスの商人』など、多くの作品にわたります。

頭木　シェークスピアと言えば、もう本当に名言の宝庫ですよね。「生きるべきか、死ぬべきか」とか、誰でも知ってるような名言がたくさんあります。

川野　どれを選んでいいか、わかりませんよね。

頭木　そうですね。作品全体が、もう名言でできていると言ってもいいぐらいです。

この言葉は「物語詩」という、その名の通り、物語を語る詩からです。シェークスピアと言えば、演劇が有名ですが、戯曲は四十作品あるそうです。その他に、ソネット百五十四篇、物語詩数篇を書いています。これはその物語詩の一節です。

あとで大変なことになるとわかっているのに、目の前のしたいことをしてしまう人、そんな人がいるのかということを三回繰り返し聞いているんですけど、いるか、いないかっていうと、いるっていうことなわけですよね（笑）。

川野　そうですよね（笑）。いるから、そういうふうに言うんでしょう。

頭木　そうですね。実際には、ほとんどの人がそうだと思うんです。私自身もそうですし。

シェークスピアは、一五六四年四月二十三日に生まれています。日本は戦国時代で、この年には、川中島の戦い（五回目）が行われていました。ガリレオ・ガリレイも同じ年に生まれています。

シェークスピアの演劇が上演されていた時代、日本ではどんな演劇をやっていたかというと、能狂言なんですね。

その狂言に『釣狐《つりぎつね》』という演目があります。人間に化けた狐が、大好物の「鼠《ねずみ》の油揚げ」がエサになっている罠《わな》を見つけて、罠とわかっていながら、飛びついてしまい、つかまってしまいます。

川野　罠と気づかずに、ではなく、罠とわかっていながら、なんですね？

頭木　そこが深いですよね。テーマとしては、このシェークスピアと同じだと思うんです。やはり洋の東西を問わず、こういう人間心理は共通しているわけですね。よくないとわかっていながら、さまざまな理屈をつけて、目の前の欲望に負けてしまう。誰しもあることだと思います。
「甘い葡萄一粒のために、葡萄の木を切り倒してしまう」って、そんなの後になって後悔するに決まってますよね（笑）。でもやってしまうわけです。

たとえば、勉強したほうが将来のためになるとわかっているんですけど、学生時代、どうしてもサボったりしてしまいますよね。なんか「勉強だけが人生じゃない」とか、いろいろ理屈をつけちゃうわけですよね。

痩せたいと思っているのに、どうしても目の前のおいしそうなケーキは食べてしまう。「これを最後の一個にしよう」とか思いながら、ついつい手が出てしまう。

あと、飲まないほうがいいとわかっているのに、やっぱりお酒を飲んでしまったり。「飲んで憂《う》さを晴らしたほうが身体にいいんだ」とか、いろんなことを言いながら、やってしまいますよね。

川野　そういう面もあるから、よけい辛《つら》いんですけどね。でも飲んでしまう。平たく言えば、「わかっちゃいるけど、やめられない」という。どこかで聞いたようなセリフが、そのまま当てはまりますよね。

頭木　ええ。だからシェークスピアは、こういう人間の弱さを見事にうまく詩で表しているなと思います。
でも、今は社会一般の風潮として、「ちゃんと自分をコントロールできたほうがいい」って思っている人が多いんじゃないでしょうか。
たとえば健康管理であったり、体重管理であったり、あとは感情の管理ですね。あまり怒らないようにして、ちゃんと怒りをコントロールするとか。

川野　本屋さんに行くと、そういうコントロールをするための本、ノウハウ本が山と積んでありますよね。

頭木　まあ、それはようするにできないっていうことですよね（笑）。
もちろん、だからと言って、ぜんぜんしなくていいっていうこととはちがいます。でも、「コントロールできなきゃおかしい」っていうのはね、ちょっとちがうというか。「できないのが人間だ」ということを前提にして始めないと、難しいんじゃないかなという気がしますね。

川野　それを聞くと、少しホッとしますけれど、それも言い訳になるんですかね？

頭木　ハハハ。ぼくが思い出すのは、病院に入院している時、二人部屋だった時に、五十代ぐらいのおじさんが隣《となり》のベッドにいたんです。どういう病気かは分からないんですけれど、たしか（ちがうかもしれません）、血液がサラサラになってはいけないという方だったんですよ。そうすると出血してしまうというので。

その方は、看護師さんから何度も、「納豆を食べないように」と注意されていました。納豆は、どうも血液をサラサラにする効果が高いみたいで（私には医学的知識はないので、これも不確かですが）。

ある晩、寝ていたら、隣のベッドとの境のカーテンの下から、何か流れてきたんです。水でもこぼれたみたいに。よく見ると、これが血なんです。血が床にひろがっているんです。ぼくはびっくりして、あわててナースコールを押して。

看護師さんやお医師さんが急いでばたばたとやってきて、夜中に処置して、けっこう大変で。もちろん命に別状はなかったんですけど、翌日、その方が看護師さんから言われていたのが、「あなた、納豆食べたでしょう！」って。その方は申し訳なさそうに、「食べました」と。どうやら、そのせいで夜中に大出血しちゃったらしいんですね（これも医学的な知識がないので、隣で耳にしただけの不確かな情報ですが）。

しかもその方は、その時が初めてではなく、もう何回も同じことを繰り返していたらしいんです。

その方は、納豆を食べたら、大事《おおごと》になるとわかっているわけですよね。経験もしているわけです。なのに、好きな納豆を食べてしまう。
ぼくはね、ちょっと感動してしまいました。

川野　えっ！　感動したんですか？

頭木　ええ。そこまでのことになるとわかっていても、やっぱり人間、納豆を食べてしまうもんだと。

川野　ああ、そういう意味で。なるほど。そうすると、納豆を食べてしまった人は、駄目な人っていうことになるんですか？

頭木　まあ普通はそう思う人が多いと思うんですよ。そうなるとわかっているのに、なんでそんなもの食べてしまうんだ、駄目な人だなって。

川野　自分をコントロールできないということになってしまいますね、通常ですと。

頭木　でもね、ただ駄目な人なのか？　ということですよね。
もちろん全てをコントロールできて、きちんとやれる人、そういう人は、いろんな仕事もきちんとやれて、すごく素晴らしいと思います。
でもですね、そういう全てをコントロールできてしまう人には、わからないことか、できないこととか、そういうのもあると思うんです。

逆に、こういう、納豆を食べてしまう人、こういう人だけがわかる気持ちとか、できることとか、やっぱりあると思うんです。

だから仕事や役割によっては、全てをコントロールできる人にはできなくて、こういう納豆を食べたおじさんは見事にやれることっていうのも、きっとあると思うんですね。人間がどういう弱さを持っているか、ちゃんとわかっているわけですから。

川野　なかなかそこが難しいですけれどね。そうすると、そういう人しかできない仕事っていうのは、あるのか？

頭木　たとえば、安全管理みたいな仕事をするとします。「危険」と書いてあれば、もう誰も入らないなんて思っていたら、安全管理は不十分になりますよね。それでも入る人間がいるってわかっている人だけが、ちゃんと管理をこなせるわけですよね。

また、人間はこんなにも逸脱した行動をとってしまうものだとわかっているからこそ、人を使えるっていうこともあり得るわけじゃないですか。じゃないと、「あいつは自分にとっても損になるから、こんなことするわけない」なんて安心していたら、してしまったとか、意外なことも起きるわけですよね。

だから、本当に部下を管理できるのは、ちゃんと自分をコントロールできる人なのか、それともできないことをわかっている人のほうが、部下もできないことがわかっているから、うまくコントロールできるのか。それはわからないですよ。

ともかく、自分をコントロールできてるからいいと、いちがいには言えないと思いますね。できてないからこそ、わかることもある。できることもあるっていう面もあると思います。

川野　深いですね。

頭木　いえ、弱いだけかもしれないですけれど。

川野　いえいえ。では、今度は『ハムレット』からこの言葉をご紹介しましょう。

シェークスピアの絶望名言 2 ── 弱り目に祟《たた》り目、泣きっ面《つら》に蜂《はち》

不幸は、ひとりではやってこない。
群れをなしてやってくる。

（ハムレット）

頭木　まあ、なんとも嫌なことを言いますよね（笑）。

本当に嫌なことを言うなあと思うんですけど。でもたしかにこういうことはありますよね……。

日本でも、「弱り目に祟り目、泣きっ面に蜂」というような言い方をしますよね。同じような意味だと思うんです。

たとえば、右手でグラスを持ってて、左手でお皿を持ってるとしますよね。ちょっとうっかり右手のグラスを落として割っちゃったと。すると、あわてて左手のお皿も割っちゃうっていうこと、ありがちじゃないですか。

ひとつやっちゃうと、そのせいでもうひとつやっちゃうっていうのは、すごくよくあることで。不幸とか失敗があった時は、さらにそれが次を呼び込んでしまうかもしれないという恐れは、やっぱり持っておいたほうがいいと思うんですよね。

そういう警戒心があれば、もうひとつ割ったらいけないぞと思って、お皿を割らずにすみますから。グラスだけですんで。

これはぼく自身で言うと、病気もそうですよね。よく「一病息災」とか言うじゃないですか。でも、なかなかそうはいかなくて。やっぱり一病あると、合併症が起きたり、薬の副作用があったり、あるいはそこをかばうあまりに、他に問題が起きたり。たとえば右足が悪いせいで、かばいすぎて左足まで痛くなっちゃうということもあるわけです。

そういう意味でも、次もあるかもという恐れを抱いているほうが、次を避けられるというか。そういう気がしますね。

このシェークスピアの言葉は、うれしくないですけれど、不幸の連鎖をさせないためには、心構えの言葉として、とても役立つと思います。

ぼくは、調子悪くなった時は、この言葉を思い出して、次の不幸を呼ばないように気をつけるようにしています。

川野　そうですか。「役立つシェークスピア」ということになりますね。

頭木　そうですね。

川野　では、次は『リア王』から、こういう表現を味わってください。

シェークスピアの絶望名言 3

まだまだどん底ではない

「どん底まで落ちた」
と言えるうちは、
まだ本当にどん底ではない。

（リア王）

頭木　これも本当にね、すごく嫌なことを言うなと思うんですよ。
川野　そうですね（笑）。
頭木　ぼく自身も、二十歳で難病になった時は、どん底だと思いました。これこそどん底だと思いました。けど、やっぱり、まだまだ底はあるんですよね。だからどん底だと思ってしまうのは、まだちょっと傲慢というか。傲慢というのはちがうかもしれないですけど、ちょっと思い過ぎ？　まだまだ下があるというのは、すごく恐ろしいことでもありますけれど、まだそこまでじゃないということでもあり……。
　生きてるうちは、まだ本当のどん底ではないのかなと思います。
川野　でも限られた自分の周りの世界でですね、今、自分が陥っているのがどん底であって、これよりさらに下があるなんていうふうには思いたくもないし、思えないのではありませんか、人間って。
頭木　ええ。だからその時は、本当に自分が一番どん底だと思うわけですけど、しばらくすると、やっぱりまだ底があるということにも気づいてきて。それはけっこう大事なことかもしれないですね。

なにしろ生きてるわけですからね。そこには、まだ何かしらはあるわけですよね。まあ、息をしているだけでも、本当のどん底ではないかもしれないですね。

川野　そこまでは、なかなか気がつかないですけれど。当たり前のことで。

頭木　この『リア王』も悲劇のお芝居ですけど、それでも、まだ底があるぞと、このお芝居が本当の悲劇のどん底ではなく、もっと悲しいことは世間にあるんだとシェークスピア自身が言ってるわけで、それはある種、すばらしいことだと思います。

川野　怖いことでもありますね。

頭木　そうですねえ。でも恐れって大事だと思うんですよね。たとえば自然を恐れないから自然破壊をやるわけで。人生を恐れないから、いい加減に生きてしまうわけじゃないですか。

川野　それはグサリと私の胸にも突き刺さる言葉ですね。そうですか。でも、いろいろ手だてを尽くしたけれども、もうこれ以上できない。策は尽きたっていうふうに思ってらっしゃる方、今の世の中にも大勢いらっしゃるんじゃないですか。

頭木　それはもう本当にそうでね。

それと比べては申し訳ないかもしれないですけど、沖縄の離島の宮古島で暮らしていて、台風とかものすごいやつが来た時にですね、もう電柱は折れ、風力発電のプロペラも折れたりっていうすごいのが来た時ですね。これはどうしようもないわけです。防ぎようも、なんとも。祈るしかないわけですね。何かに祈ってるわけでもないんですよ。ただ祈る。そういう境地もけっこう大事なんじゃないかなと思うようになりました。

これは宗教心とももまたちがって、どうしようもないという状況に恐れを感じる。ただ恐れて祈る。そういう境地もあったほうがいいような気がしますね。

恐れはないほうがいいと思われがちですけれど――まあ本当にぜんぜん何も起きずに、幸せに生きていければ、持つ必要はないのかもしれないですけど、なかなか難しいじゃないですか。そうなると、恐れがあるほうがいいのか、ないほうがいいのかっていうと、本当に圧倒的なものが、やっぱり存在して。その時はただ恐れて祈るしかないっていうことがわかっているのは、逆にいいことだとぼくは思いますけどね。

絶望音楽「我が涙よ、あふれよ」ジョン・ダウランド

川野 では今回も頭木さんに「絶望音楽」を選んでいただいております。

頭木 ジョン・ダウランドの「我が涙よ、あふれよ」という曲です。

このジョン・ダウランドという人は、シェークスピアと同時代の人で、シェークスピアの演劇にも曲が使われています。

この「我が涙よ、あふれよ」という曲は、シェークスピアの演劇で使われているわけではないんですけれど、とても歌詞がいいんです。

もともとヨーロッパに伝わっていた曲を、ジョン・ダウランドが編曲し、歌詞をつけたものだそうです。

その歌詞を、一部引用しますね。

夜の闇は濃いほどいい。

光というのは、絶望した者にとっては、辱《はずかし》めでしかない。

私の悲しみは、決して癒やされない。

（♪ジョン・ダウランド「我が涙よ、あふれよ」より抜粋）

頭木　こう言われると、かなり暗い言葉ですけど、これがすごく美しい曲にのって流れてくるので。落ち込んだ時は、逆にこういう曲を聞いて歌詞を味わうほうが、かえって救いになるんじゃないかなと思います。

川野　ジョン・ダウランドの「わが涙よ、あふれよ」、カウンターテナー、アンドレアス・ショルの歌でお聞きいただきました。

頭木　ぼくはこのアンドレアス・ショルの歌が大好きなので、この曲はぜひこの方の歌でお聴きいただきたいです（キング・インターナショナルから出ている『我が涙よ、あふれよ　17世紀イギリスの民謡とリュート・ソング』というCDに入っています。放送時、とてもお問い合わせが多かったようです。とてもいい曲で、とてもいい声です）。

なお、余談になりますが、フィリップ・K・ディックというSF作家（映画『ブレードランナー』の原作『アンドロイドは電気羊の夢を見るか？』など、映画化もされた有名な作品が多数あります)に、『流れよわが涙、と警官は言った』という、キャンベル記念賞を受賞した長編小説があります。

このタイトルは、ジョン・ダウランド「我が涙よ、あふれよ」がもとだそうです。

この小説には、遺伝子操作された新人類が登場し、彼らには嘆いたり悲しんだりという感情がありません。

作中で登場人物が、「悲しいことで涙が流せるのは人間の特権だ」「嘆くのは人間、子供、動物が感じることのできるもっとも強烈な感情なのよ。それは素晴らしい感情だわ」「それでもわたしは悲しみを味わいたいのよ。涙を流したいの」などと語ります。

まあ、ぼくは悲しみを味わいたくないですが。

シェークスピアの絶望名言5

時間が解決しない絶望もある

明けない夜もある。

（マクベス）

川野　ジョン・ダウランド「我が涙よ、あふれよ」の歌詞にありました、「私の悲しみは、決して癒やされない」ということにも関連しているのが、このシェークスピアの絶望名言です。

頭木　絶望している人をなぐさめる言葉のひとつとして、「明けない夜はない」という言い方をよくしますよね。これはものすごくよく使われる言い回しだと思うんですけど。「明けない夜はないよ」って慰《なぐさ》めるのは。

それはじつは『マクベス』の中に出てくる言葉なんです。どういうシーンかというと、マクベスに妻や子どもを殺された男が、嘆いているわけですね。それに対して、別の男が投げかける言葉なんです。「明けない夜はないよ」って。

その言っているほうの男も、マクベスに父親を殺されているんですね。だからマクベスという男に身内を殺された者同士が言っている言葉なんですよ。だから「明けない夜はない」と励ますのは、たしかにぴったりなんですね。ただですね、ぼくはこの言葉に、何か違和感をずっと覚えていたんですよ。というのは、励ますのが早すぎるんですね。

このシーンは、妻や子どもをマクベスに殺されたって、今、聞かされているわけです。で、今、嘆き始めたところなんですよ。嘆き始めたばかりなのに、「明けない夜はないよ」って、ちょっと早くないですか？

川野　そうですね。これ原文は、「The night is long that never finds the day」とか、たしかそういう表現でしたね。

頭木　そうですね。直訳すると「夜明けが来ない夜は長い」となるわけですね。でも夜だから夜明けはいずれ来るわけで。だから「明けない夜はない」と訳すのは、意訳として非常にうまい訳なんです。たいていは、この訳なんです。

ただ、もともとは「明けない夜は長い」という意味でもあるわけです。だからどっちに訳すかっていうのは、一方が間違いということではなく、解釈の違いなんです。

ただぼくなんかが感じていたのは、たとえば泣きだしたばかりの人に、「涙はいずれ乾くよ」って、いきなり言うのはおかしくないですか？

川野　たしかにそうですね。

頭木　ええ。もう少し流させて欲しいですよね。だからそういう意味で、いい言葉だけど、ちょっとタイミングがっていう気がしていたんです。

するど、翻訳家の松岡和子さんが、ここは「明けない夜はない」というような楽観的な言葉じゃないんじゃないか、というふうに書かれていて。そうじゃなくて、覚悟をうながす言葉なんじゃないか、とおっしゃっているんですね。覚悟っていうのは、ようするに、マクベスを倒さない限り、夜明けは来ないと。悲しい夜がずっと長く続くぞと。そういうことを言ってるんじゃないかと。

で、松岡さんは、ここをどう訳されているかというと、「朝が来なければ、夜は永遠に続くからな」というふうに訳されているんですね（『シェイクスピア全集(3)マクベス』ちくま文庫）。

もうじつに見事な訳で、これには本当に感激して。こういう解釈もあり得るのかというふうに思ったんですけれど。

私としては、さらに「明けない夜もある」というふうに訳したいなと、そう思うくらいです。大切な人を失ったというような深い悲しみは、いつまでも続くこともあるよと。そういう言葉としてとらえることもいいんじゃないかなというふうに思います。

川野　「明けない夜もある」ですか。

頭木　もちろん自然現象としては、明けない夜なんてないわけですよね。でもぼくがもうひとつ気になるのは、じつはそこのところなんです。

明けない夜はないという解釈の場合、「自然現象のように、悲しみというのも自然に消えていく」と言ってることになるわけですよね。つまり、時間が経てば、自然と消えていくもんなんだよと。

だけど、夜はたしかに時間が経てば必ず明けるわけですけれども、心の闇は、朝六時になったから明けるとか、そうはいかないと思うんですね。ずっと明けないこともあると思うんです。だから自然現象のようにとらえてしまうのは、どうなのかなと。

川野　なるほど。そういうふうにも思うんです。「The night is long that never finds the day.」、その「night」の中に心の闇が含まれている。

頭木　そうですね。たとえば「時間が解決してくれるよ」とか、「時間が癒やしてくれるよ」とかですね、「日にち薬」とか、「時薬《ときぐすり》」とか、そういう言い方もしますよね。たしかに時間が経てばですね、だんだん薄れて癒やされてくる悲しみも多いと思うんです。大半はそうかもしれません。

だけれども、時間と共に癒やされない悲しみもあると思うんですよね。

いつまでもそうやって悲しみもひきずってしまうと、周囲も「これだけ時間が経つのに、いつまで悲しんでいるんだ」というふうになってきますし、自分自身も「いつまでも悲しんでいる自分はいけないんじゃないか」と、そんなふうに思いがちです。そうすると、悲しみが癒えない上に、さらに自分で自分を責め、周囲からも責められるみたいなことになってしまうわけじゃないですか。それは、とても辛《つら》いことだと思うんです。

「明けない夜もある」というふうな、時間が解決しない悲しみもあるというふうなことを言うのは、なんて暗いことを言うんだと思われるかもしれませんが、現実にそういう悲しみがある以上、そういうこともあるんだよって知っておかないと、逆に、いつまでも悲しみが癒えない時に、よりこじらしてしまうわけですよね。だから「明けない夜もある」「明ける夜もある」。両方知っておくほうが大事なんじゃないかなと思いますね。

川野　「明ける夜もある」もあるし、「明けない夜もある」もあるわけですね。

頭木　じつはつい最近、ある研究が、アメリカの心理科学会誌に発表されたんですが、それによると、「時間の経過だけでは人は癒やされるとは限らない」ということが確認されたんだそうです。

今まで、こういう話をしても、なかなか納得してもらえなかったんですが、今後はこの研究のおかげで、少しは変わるかもしれません。また、「自分がおかしいわけじゃないんだ」と、救われる気持ちになる人も少なくないと思います。

この研究チームはさらに、「時間が解決してくれる」と、当人や周囲が思ってしまうことで、かえって回復をさまたげたり、こじらせてしまう原因となっている、と指摘しています。これはとても重要な指摘だと思います。

それにしても、こうした研究のない時代に、時間が経っても癒やされない悲しみがあるということを描いたシェイクスピアは、やはりたいしたものだと思います。

逆境がもたらしてくれるものは
素晴らしい。
それはヒキガエルのように、
見苦しく、毒があるが、
頭の中に貴重な宝石が隠れている。

（お気に召すまま）

川野　今度は、喜劇『お気に召《め》すまま』からですね。

頭木　この言葉は、ちょっと説明が必要だと思います。ヒキガエルについてですね。ヒキガエルというのは、体の表面に毒を分泌しているらしいんです。それで「毒もあるが」と言っているんです。

さらにわかりにくいのが、「頭の中に貴重な宝石が隠れている」。これ、何のことだと思われるでしょうが、宝石でトードストーンというのがあって、つまりヒキガエル石ですね、今でもある宝石なんですけれど、よく指輪に使われていたんですね。

それはたんにきれいな宝石というだけではなくて、魔よけとか、毒消しとか、そういう効果があると思われていたんです。

そのトードストーンが、当時は、ヒキガエルの体内に発生するものだと思われていたんです。特にヒキガエルの頭の中にできたトードストーンは貴重だとされていたんですね。

川野　ヒキガエルの頭の中に？　ほう。

頭木　はい。そんなもの、本当にヒキガエルの頭の中にあるのかなと不思議に思うんですけれど、やっぱりないんです（笑）。トードストーンは、本当は魚の化石らしいんですよ。
　ただ、当時はヒキガエルの頭の中にあると思われていたんですね。ヒキガエルって、見た目がちょっと良くないですよね。その中にきれいな宝石があるという対比が、人の心をとらえていたんでしょうね。
　だから、このシェークスピアの言葉は、逆境の中ですばらしいものを見つけるっていうのを、ヒキガエルの頭の中にきれいな宝石を見つけるっていうふうにたとえているわけです。

川野　そういうことですか。ああ。

頭木　実際に人生の逆境の時も、貴重な宝石が見つかるといいなとは思います。

川野　これは頭木さんのご体験の中からも、そういうことがありましたか？

頭木　辛い目にあうと、それで初めて気づくことというのはありますよね。
　たとえばの話、足が悪くなったから、初めてここに段差があるとか、この階段がきついとか、いろんなことに気づくわけじゃないですか。そういうことはたしかにあるとは言えます。

じゃあ逆境を経験するほうがいいのかと言えば、ぼく自身は、ないほうがいいと思いますね。

まあ、逆境によって得たものも大きいですよ。いろんなこと、それこそ、こういう『絶望名言』という番組をやらせていただいているのも、そうだと思うんですけど。

じゃあ逆境があったほうが人間的に成長して良かったのか、と言われると、成長なんかぜんぜんしなくていいから、逆境がないほうがいいですね。正直なところは（笑）。

川野　それはわかりますね（笑）。

頭木　たしかに、苦労知らずだと、フワフワして値打ちのないような人間になっていたかもしれないですけれど、まあ、できることなら、そうありたかったですね。

川野　でも頭木さん、苦労がない人、そういう困難にあわない人っていうのは、世の中にはほとんどいないんじゃないですか？

頭木　まあ、そうなんでしょうね。結局それは無理だから、だからやっぱり、文学や絶望名言が必要になってくるわけですよね。

ただもうひとつ思うのはですね、逆境の中にそういう美しい宝石があるというのは、たしかに本当にあることですし、すばらしいことなんですが、ただ、だからといって逆境にある人に宝石を見つけなさいよっていう、必ず宝石があるんですよみたいな、そういう圧力がかかってしまうのは、すごく良くないなとも思うんです。これは実際、すごくこういうことが多いんですよ。

病気もそうですし、他のことでもそうですけれど。何か非常に不幸なことが起きて逆境に陥った人に対して、周りの人が求めるのって、元のところに復活してくるか、あるいは別の分野で頭角を現してくる、そういうことをすごく求めますし、その戻ってきた時に、逆境の中から何か大切なものを見つけて、それを教えて欲しいみたいな感じが、どうしてもあるじゃないですか。

でも、それって非常に無理があるというか。逆境に陥ったから、必ず宝石が見つかるとは限らないんですよ。ヒキガエルの頭の中にも、本当は宝石はないわけです。だから、ない場合もあるし、逆境に陥っているのに、さらに何か宝石を見つけてこいなんてね、もう海に落ちて溺れているのに、サザエ取ってこいみたいな。それはやっぱり無理です。逆境ですからね。何か見つけてる場合じゃないんですよ。なのに、そういうひとつの美しいものをみんな求めてしまう、逆境に。それは本当に圧力になるので、良くないことでもあるなと思います。

逆境に陥って、ただもうへこたれて、倒れたままでいて、なんの宝石も見つけられない人、そういう人に対しても優しくしてあげて欲しいと、すごく思うんです。

川野　それは大事なことですね。

頭木さんにとって、逆境に置かれて、これが宝石だと思ったことは何でしょうか？

頭木　まあ、だから文学ですね。やっぱり絶望名言は、ぼくにとっては宝石だったわけですけど。ただ、これは、宝石ですけれど、立ち直らせてくれる宝石というよりは、「倒れたままでいさせてくれる枕《まくら》」のようなものですね。そういうふうにぼくは思っています。

川野　わかるような気がします、枕……。

シェークスピアの絶望名言 7 ——人生が意味もなく終わってしまう

明日、また明日、そしてまた明日、
一日一日を、とぼとぼと歩んで行き、
ついには人生の最後の瞬間にたどり着く。
昨日という日はすべて、
愚《おろ》か者たちが塵《ちり》と化していく
死への道を照らしてきた。
消えろ、消えろ、つかの間の灯火《ともしび》

人生は歩き回る影法師《かげぼうし》、あわれな役者だ。
舞台の上では大見得《おおみえ》をきっても、
出番が終わればそれっきり。
我《われ》を忘れた人間のたわ言だ。
激情にとらわれて、わめき立てているが、
そこに意味などないのだ。

（マクベス）

頭木　最後は、川野さんに選んでいただいた絶望名言です。川野さんの朗読で聴くと、またいちだんとしみるものがあります。

川野　これはさっきの『マクベス』の一節がありましたよね。あれの後ですね。もうマクベスのところにイングランド軍が攻めてきて、自分も間もなく死んでしまう。その前に自分の妃《きさき》が亡くなりましたという知らせを受けて、そしてこのセリフを言うという有名な場面です。

頭木　この言葉を選ばれた理由というのは、どういう？

川野　マクベスが独白でこれを言うわけですけれども、セリフの中に、そういう場面だけではない、あらゆる人生の場面に通じることが含まれているという感じがしましたね。「明日、また明日、そしてまた明日、一日一日を、とぼとぼと歩んで行き」というところから始まって、「消えろ、消えろ、つかの間の灯火《ともしび》！人生は歩き回る影法師《かげぼうし》、あわれな役者だ」というふうな、このところが、なんかとても身に迫ってくるような感じがしました。

それで「人生は歩き回る影法師、あわれな役者だ。舞台の上では大見得をきっても、出番が終わればそれっきり。我を忘れた人間のたわ言だ。激情にとらわれて、わめき立てているが、そこに意味などないのだ」という、これは頭木さんの訳ですけれども、それが今の世の中にも、そのまま通じるような感じがして。

頭木　まあ、言ってることはかなり悲観的というか、とぼとぼ歩いていって、もう人生が終わって、つかの間のロウソクのように消えてしまって。人生にも意味がないという、かなり悲観的なことを言っていますけども。

　ぼくは、これに、なんだか太宰治的なものを感じるんですよ。ちょっと絶望に酔っている感じ。そこがちょっと心地いい感じもしますよね。ユーモアも少しあるというか。本当に悲劇的なシーンですけれどもね。そこでもこういう、ちょっと酔ったような表現を朗々《ろうろう》と言えるというところが、逆にまた魅力を感じますけれどもね。

川野　うん、そうですね。

頭木　とにかく舞台には上がってるんですよね。

川野　ああ、そうですね。これは、あれですか。暗い感じはそんなにしなかったですか？

川野　いや、「そこに意味などはない」というふうに言っていますから、そうなのか、自分が生きている人生が意味もなく終わってしまうということは、あり得るのかというふうに思いますよね。

頭木　まあ、こうやって要約してしまうと、ほんと、一日一日、とぼとぼ歩いて終わってしまうだけ、というのはありますけれどね。

ただ、つかの間の灯火に、いろんな影法師が動き回るのは動き回るわけですし、大見得をきる瞬間もあるわけですよね。

川野　そうですね。

頭木　まあ、ぼくなんかはずっとロウソクが消えそうだったんでね。ついてるだけでも、本当に。

川野　ハハハ。いや、笑っちゃいけません。本当にもう、死を目前にしたという感じで。じつは私もそうなんです。

頭木　そうなんですか。

川野　脳梗塞というのは、いつ死ぬかわからないという恐れがありますからね。

頭木　そうですよね。

川野　はい。客観的に見るとそうなんですけど、自分自身としては、能天気な日々を過ごしている、今でも、ということなんですけれども。でも、死はついて回っています。

頭木　だからこのロウソクという感覚は、すごくありますね。ちょっとしたことで、大きく揺《ゆ》らいで。下手すると消えかねないという。まあ、でもなんとか風の中で頑張《がんば》って、消えそうになっても、ついてくれているという危《あや》うさを感じますけどね。

川野　なんか落語の中にも、たしか、地獄にロウソクがついていて、このロウソク、誰のロウソク？　って言ったら、お前のロウソクだって言って。もう消えそうになってるじゃないですか。

頭木　そうですね。『死神』という噺《はなし》で。ロウソクをうまく継《つ》ぎ足せたら、命が延びるっていうのがありましたね。元気のいい人のロウソクは、太くて長いロウソクで、元気のない人のは細くて短いみたいな、そういう描写がありますね。

あれはもともと、ヨーロッパの昔話だったと思います。それがグリム童話の「死神の名づけ親」になり、それをもとに明治の落語家、三遊亭圓朝《えんちょう》が『死神』という落語にしたんですね。

命をロウソクにたとえるっていうのは。ヨーロッパにわりとあったのかもしれないですけれど。でも、うまいたとえですよね。

川野　そうですね。だからまあ残り少ない、消えかかってもいるかもしれないロウソクの火をですね、ポッとまた明るく少しは照らして、ポッと復活させながら、生き長らえていくしかないのかな、というふうに思いますけれども。

川野　頭木さん、どうですか、シェークスピアの名言をこれまで振り返ってみて？

頭木　シェークスピアの絶望名言の魅力っていうのは、常に「もっと先があるぞ」って暗示しているところじゃないかなと思いますね。

もう自分は悲しみを知っているとか、どん底を体験しているとか、そんなふうに、たかをくくっちゃいけないと。まだまだ自分の知らない、もっと深い悲しみとか、もっと深いどん底があるかもしれない。そういう畏敬《いけい》の念ですよね、現実に対する。そういう畏敬の念を持つことは、人生に対しても、他人に対しても、もっと優しく、もっと丁寧に接することにつながるんじゃないかなと思います。

川野　古今東西の名作から絶望に寄り添う言葉をご紹介する「絶望名言」。

今日はシェークスピアの絶望名言をご紹介しました。
解説、そして名言の翻訳は、文学紹介者の頭木弘樹さん。
お相手は川野一宇でした。

シェークスピア　ブック・映画ガイド

『シェイクスピア全集(3)マクベス』
松岡和子・訳
ちくま文庫

放送でもご紹介した、松岡和子さんの翻訳による全集。29巻まで出ているようです。読みやすく、解釈も深いです。既訳を踏まえた丁寧な訳注や解説もついています。

『蜘蛛巣城』
黒澤 明・監督
東宝

これは本ではなく映画です。DVDとBlu-rayが出ています。『マクベス』を日本の戦国時代に置き換えて映画化したもの。まずこちらを見ておくと、わかりやすいかも。名作です。

『新訳 ハムレット』
河合祥一郎・訳
角川文庫

狂言師の野村萬斎さんの公演のために翻訳され、萬斎さんも関わっているとのこと。セリフのリズムと響きに、最もこだわったそうです。訳注もとても充実しています。

『シェイクスピア ハムレット 100分de名著』
河合祥一郎
NHK出版

「To be, or not to be」の訳が「生きるべきか、死ぬべきか、それが問題だ」なのは、じつは河合祥一郎訳だけとか、面白いお話がたくさん。

コラム

絶望よ、さようなら

川野《かわの》　一宇《かずいえ》

頭木さんがおっしゃるように、確かに私は「絶望しません」と明るく言ってはいます。ま、しかしこれは限定付きで、正確には「今は子供の頃に比べて絶望することがほとんどなくなりました」というのが正直なところです。えっ、子供時代は楽しいことが、多かったんじゃないの？　ええ楽しい思い出はずいぶんあります。

友達との遊び、室内ではめんこ、コリントゲーム、ままごと、あやとり、皆でよむ絵本、腕相撲、外ではお相撲ごっこ、ベーゴマ、缶蹴りなど、公園でブランコ、滑り台など数々の遊びを試しては喜んでいましたね。学校の教室では厚手の人物事典などを元に「私は誰でしょう？」と当てっこをしては当たり数を競っていましたっけ。勉強もそれなりにして結構レベルの高い教育を受けていました。

でも私の家庭は父親不在の母子家庭で（後に離婚）、女手一つで子供三人を抱えた貧しい家族でした。まあ貧しいといってもこの時代、昭和二十年代、三十年代はどの家庭も豊かな家はそうは無くて、皆似たような暮らしぶりでした。自分の家だけが目立って貧しいわけではなかったのがせめてもの救いでしたが、でもクラスに四十人以上いる生徒の家庭で、父親がいないのは私の家庭だけでしたから、貧しい中でも一段と苦しい生活は子供心にもよく分かり何となく意気が上がらない気分にはなるのでした。

幸い母がしっかりしていて、子供がめげたりしないよう気丈《きじょう》に振る舞っていましたから、子供たちが過度に萎縮《いしゅく》したりはしませんでした。この時代、似たような境遇の母親たちは皆身を粉にして子を育て、今から思うと何とありがたかったことかと、本当に頭が下がる思いです。

しかし、父親との間がうまくゆかなくて、母は暮らしに行きづまり、ある夜、私だけを連れて神田川の橋のたもとで立ち止まり、思いつめて川に飛び込むつもりでした。二人でこの世にさよならをしようとはっきり聞いたわけではありませんが、涙をためて川をじっと見つめた様子を見れば、何をしようとするかは十歳くらいの子供でも分かります。

そうしたただならぬ様子が分かったのでしょう、通りがかりの年かさの男性が母を呼び止めて説得してくれたせいで、飛び込むことを思いとどまり、二人はとぼとぼと帰宅したのでした。夜の明かりを鈍く反射する川面の流れを今も鮮明に覚えています。

二〇一四年十二月、脳梗塞で倒れ、救急車で深夜運ばれた都立病院の診察台の上から、天井のまぶしい明かりを眺めた際、なぜかあの川面の流れを思い浮かべ、その時に一度、死んだはずだよな、今度はどうか、このまま死んでゆくのかと水の流れと二重写しになった自分をこの時は冷静に見つめていましたね。能天気な性格のお陰《かげ》のせいか、深刻にならずに済《す》むのは有難《ありがた》いことだなあと思った次第です

私の子供時代は、楽しいことも多くありましたが、折に触れ母の涙を見ることも少なくなく、その度に私の小さな胸はつぶれんばかりに悲しく、でも

そんな様子は表に出してはいけない、妹たちが余計に心配するからと、じっと我慢をすることも結構ありました。

絶望そのもの、絶望の一つ手前のような状況が随分《ずいぶん》続きましたから、打ちひしがれてばかりもいられないと好きな小説などを読み始めてから、そのうちに絶望のほうから剝《は》がれていったような気がします。

ああもう大丈夫だと気分が収まってきたときに、「絶望名言」という番組を担当しませんかという話が来て、「えっ、それが番組になるの？　そんな暗そうなタイトルの番組は誰も聞かないんじゃない？　一度は聞かれてもすぐに飽きられるに決まってるよ」と疑心暗鬼でしたが、根田知世己さんという優れたプロデューサーのお陰と、解説の頭木さんの説得力のあるお話のおかげで、番組は好評を得て、長続きをしています。単行本、この文庫本、そしてラジオ番組を今後ともよろしくお願いいたします。

中島 敦

第7回放送

絶望名言

中島敦の絶望名言 1 ― 全力で努力できない

己《おれ》は詩によって名を成そうと思いながら、
進んで師に就《つ》いたり、
求めて詩友と交わって
切磋琢磨《せっさたくま》に努《つと》めたりすることをしなかった。
己《おのれ》の珠《たま》にあらざることを惧《おそ》れるが故《ゆえ》に、
敢《あえ》て刻苦《こっく》して磨《みが》こうともせず、
ますます己《おのれ》の内なる臆病《おくびょう》な自尊心を
飼いふとらせる結果になった。
この尊大《そんだい》な羞恥心《しゅうちしん》が猛獣だった。虎だったのだ。

（山月記『中島敦全集』筑摩書房）

川野　病気、事故、災害、あるいは失恋、挫折、そして孤独。人生、受け入れがたい現実に直面をした時に、人は絶望します。

古今東西の文学作品の中から、絶望に寄り添う言葉をご紹介し、生きるヒントを探す、シリーズ『絶望名言』。川野一宇《かずいえ》です。

解説、そして名言の選定は、文学紹介者の頭木弘樹《かしらぎひろき》さんです。どうぞよろしくお願いいたします。

頭木　よろしくお願いいたします。

川野　冒頭でご紹介しましたのは、中島敦を代表する絶望名言として、頭木さんに選んでいただいたものです。

頭木　はい。代表作の『山月記《さんげつき》』という短編小説からの抜粋です。

中島敦は、一九〇九年の生まれで、同じ年に太宰治や松本清張も生まれています。

川野　この三人が同い年というのは、ちょっと意外な気もしますね。

頭木　そうですね。

『山月記』は「教科書で出会った」という人も多いんじゃないでしょうか。

私も、中学の国語の教科書で『山月記』を読んだのが、中島敦との出会いでした。中島敦は、女子校の教師をしていたこともあって、じつはこんなことを言っているんです。

どんな面白い作品だって、
それを教室でテキストにして使えば途端に詰まらなくなっちまう。

(狼疾記《ろうしつき》『中島敦全集』筑摩書房)

川野 まあ、たしかに、そういうこともあるかもしれませんね(笑)。でも、『山月記』は、それでも面白いんじゃないでしょうか。

頭木 そうですね。中島敦の奥さんが、こんなことを言っているんです。「今まで自分の作品のことなど一度も申したことがありませんのに、台所まで来て、『人間が虎になった小説を書いたよ』と申しました」「あとで『山月記』を読んで、まるで中島の声が聞こえる様で、悲しく思いました」だから『山月記』は、やっぱり中島敦としても、自分の本当の気持ちの込められた、大切な作品だったんでしょうね。

なぜ虎になるかっていうことなんですけれど、人の性格とか性質というのは猛獣みたいなもので。それを自分自身で猛獣使いのようにうまくコントロールしなければいけないわけですが。自分はそれに失敗したと。それで虎になってしまったと、そういうふうに言っているんですね。

その心の中の猛獣が、中島敦の場合は、「臆病《おくびょう》な自尊心と尊大《そんだい》な羞恥心《しゅうちしん》」だったと。それが冒頭の言葉ですね。

川野　「己《おれ》は詩によって名を成そうと思いながら、進んで師に就《つ》いたり、求めて詩友と交わって切磋琢磨《せっさたくま》に努《つと》めたりすることをしなかった。己《おのれ》の珠《たま》にあらざることを倶《おそ》れるが故《ゆえ》に、敢《あえ》て刻苦《こっく》して磨《みが》こうともせず、ますます己《おのれ》の内なる臆病《おくびょう》な自尊心を飼いふとらせる結果になった。この尊大《そんだい》な羞恥心《しゅうちしん》が猛獣だった。虎だったのだ」というふうに表現されています。

頭木　詩人になりたかったのに、全力では努力しなかったと。なんでかっていうと、自分に才能がないかもしれない。もし才能がない場合、全力で努力して詩人になれなかったら、非常に自尊心が傷ついてしまう。それが怖ろしくて努力できなかった。

でも一方で、才能があるのではという思いもあったから、あきらめきることもできなくて。どっちにもできなくなったと。そういう心理を「臆病《おくびょう》な自尊心と尊《そん》大《だい》な羞《しゅう》恥《ち》心《しん》」というふうに呼んでいるんですね。

こういう心理は、とても多くの人が持っていると思うんです。だからみんな、『山月記』を読んで、衝撃を受けるんですね。

今は、こういう心理にちゃんと名前がついているんです。「セルフ・ハンディキャッピング」と言うんですけど。自分で自分にハンディキャップを与えるわけですね。

失敗した時に、自尊心が傷つかないように、あらかじめ失敗しそうなふうに自分を持っていっちゃうんです。

たとえば学生時代、試験の前日に、急に部屋の掃除をしたりしませんでしたか？

川野　掃除ですか？　私はそういうことはなかったですね。

頭木　えっ！　そうなんですか？　私なんか、掃除どころか、部屋の模様替えとかしてました（笑）。

そういうことをしているとですね、その分、勉強していないわけで、試験の点数が悪かった時に、これはもう部屋の掃除をしていたから、勉強をしなかったから、こうなっちゃったんだなと。そうすると、自尊心が傷つかないですむわけですよね。

そして、もし成績がよかったら、勉強しなかったのに、こんな点が取れたと。どっちに転んでもいいわけですよ。

川野　なるほど（笑）。

頭木　ただ、トクなようで、やっぱりソンなんです。けっきょく努力していないわけでしょ。試験の前日に部屋の片づけをしていれば、どうしたって勉強していた時よりは点が低くなるわけで。だから、自尊心が傷つかない代わりに、やっぱり人生の可能性は下がるわけですよ。

だから『山月記』でも、こんなふうに言ってるんです。

己《おれ》よりも遥《はる》かに乏しい才能でありながら、
それを専一《せんいつ》に磨《みが》いたがために、堂々たる詩家となった者が幾《いく》らでもいる

のだ。
虎と成り果《は》てた今、己《おれ》は漸《ようや》くそれに気が付いた。
それを思うと、己《おれ》は今も胸を灼《や》かれるような悔《くい》を感じる。

川野 この「詩家」というのは「詩人」のことですね。

頭木 そうですね。

努力というのは、誰でもできると思われているじゃないですか。成功したければ全力で努力するというのは当たり前だと、誰でも思っていますよね。まあ頭で考えれば、そうなんですよ。

でも、実は全力で努力するって非常に難しいことで。それで失敗したらどうしようということを考えると、なかなか全力で努力ってできないんですよね。それで、自分で自分の足を引っ張ってしまうわけです。

これはほとんど無意識にやってしまうことだと思いますね。私も、なんとなく掃除したくなっていたわけで。考えてそうしているわけではなく、気持ちが自然とそうなってしまうんですよね。

多くの人は、何か大事なことの前には、あえて何かハンディキャップを自分に与えているんじゃないでしょうか？

大事な仕事の前日に夜更かしとか深酒とか。

川野　『山月記』は人が虎になる話ですが、フランツ・カフカにも、人が虫になる小説『変身』があります。関連性はあるんでしょうか？

頭木　『山月記』は、中国の古典『人虎伝《じんこでん》』が元になっているんですが、その他に、カフカの影響もあると言われています。

ただ、人が虫になるという設定の影響というより、もっと内面的な影響を与えているんじゃないかと私は思っています。

というのは、カフカには、じつはこういう言葉があるんです。

幸福になるための、完璧な方法がひとつだけある。
それは、
自己のなかにある確固たるものを信じ、

しかもそれを磨くための努力をしないことである。

（罪、苦悩、希望、真実の道についての考察）

これはちょっとわかりにくい言葉なんですが、『山月記』の話をした後だと、よくわかりますよね。まさに「セルフ・ハンディキャッピング」ですよね。「自己のなかにある確固たるものを信じ、しかもそれを磨くための努力をしない」のが幸福になるための方法というのですから。

これはカフカの格言集の中にある言葉なんですが、じつは中島敦はこの格言集を読んでいて、一部、翻訳もしているんです。

いつ読んだかというと、一九三四年から三六年にかけての時期だったようです。まだカフカが世界的にも有名ではなく、日本のドイツ文学者でさえ名前を知らなかった時期です。すごく早くに中島敦はカフカを評価しているんですね。

そして、『山月記』はそれより後に書かれています。発表は一九四二年ですが、書かれたのはそれより少し前です。

中島敦は、カフカのこの言葉を読んだとき、まさに自分の気持ちと同じだと思ったのではないでしょうか？

そして、この心理をより意識するようになり、それが『山月記』を生み出すもとになったのではないでしょうか？

とまあ、これは私が思っているだけなので、ぜんぜんちがうかもしれませんが。

中島敦の絶望名言 2 —— 嫌なことを避けるだけでは幸福になれない

落《らく》胆《たん》しないために初めから欲望をもたず、
成功しないでであろうとの予《よ》見《けん》から、
てんで努力をしようとせず、辱《はずか》しめを受けたり
気まずい思いをしたくないために人中へ出まいとし、
自分が頼まれた場合の困惑を誇《こ》大《だい》して類《るい》推《すい》しては、
自分から他人にものを依頼することが
全然できなくなってしまった。

（かめれおん日記『中島敦全集』筑摩書房）

川野　短編小説の『かめれおん日記』の一節ですが、さっきのお話の延長上ですね。

頭木　そうですね。これは中島敦が反省して言っているわけで。こうしたらよくないという典型として参考にしたいですよね。

「成功しないだろうから、そもそも努力しない」とか、「嫌な目にあいたくないから人と付き合わない」とか、「相手から嫌がられないよう人に何も頼まないようにする」とか。まさにネガティブシンキングのポイントを突いているんじゃないでしょうか。

これらを守っていれば、たしかに、ガッカリしたりとか、自分の能力の無さを思い知らされたりとか、人から嫌がられたりとか、そういうことはないですよね。だからメリットはあるわけです。

でも、嫌なことが起きない代わりに、いいことも起きないですよね。期待するからがんばれるわけですし、がんばるから成功することがあるわけですし、人と付き合うから楽しいこともあるわけじゃないですか。

だからネガティブシンキングっていうのは、いい面をすべて失うことにもなってしまうんですよね。

私はこうして「絶望名言」をご紹介させていただいているので、ネガティブシンキングを勧めていると思われがちなんですが、そんなことはぜんぜんないんです。

行き過ぎたポジティブシンキングはよくないとは思っていますけれど、ネガティブシンキングも、またどうかと思います。

川野　でもね、「いいことが起きなくても、嫌なことが起きなければいいや」という考え方もありうるわけで、そういうふうに考えると、ある意味では楽かもしれませんね。

頭木　そうですね。そういう気持ちも、とてもよくわかります。嫌なことは、本当に嫌ですから。

ただ、いいことも嫌なことも起きずに、ずっと平穏な日々が続いたとして、じゃあずっと同じぐらいに平穏な気持ちでいられるかというと、これが不思議なんですけれどもね、人はずっと同じ状態が続くと、だんだん不幸な気持ちになるらしいんですよ。

川野　そうですかね？

頭木　ええ。同じ幸福度でいようと思ったら、ちょっとずついいことがないと無理なんですよ。

たとえばですね、冬の寒い時に部屋を暖めようと思って薪《まき》をくべているとしますよね。同じ温度でずっと暖め続けるためには、ときどき新しい薪をくべなければいけないですよね。

川野　まあ、それはそうですね。

頭木　それと同じように、幸福な気持ちをある程度保つためには、ずっとちょっとずついいことがなきゃ無理で、ずっと同じ状態だと、だんだん少し不幸な気持ちになっていくみたいなんですよね。

たとえば学校とか会社が嫌でひきこもった人。じゃあ嫌なことがなくなったから、家では幸せかというと、やっぱりなかなか幸せになりにくいですよね。それはこういうことも関係しているのかもと思います。

あともう一つですね、嫌なことを避けて、快適な日々が続けられたとしても、そうすると、これまで快適に思っていたことまで、だんだん不快になってくるようになるんですよ。それはどういうことかというと、たとえば暑いとか寒いとかに耐えていると、ちょっとそれが緩《ゆる》むと涼しいとか暖かいとか感じますよね。

ところがエアコンでずっと快適な温度を保っていると、ちょっとでも温度が上下すると、「涼しい」とか「暖かい」とかじゃなくて、すぐ「暑い」とか「寒い」とか辛《つら》くなっちゃうんですよね。ようするに快適な生活を続けていると、その快適に感じる幅がだんだん狭くなってくるんですよね。わずかなことでも不快に感じるようになる。

たとえば独裁者なんかは、もうね、イエスマンばっかり周りに並べているのに、それさえどんどん粛清《しゅくせい》していくようになるじゃないですか。

だから快適なのをずっと続けるっていうのは、けっこうそれはそれで、いずれまた不快がやってきてしまうんですね。

たとえばあくせく働いた後だから、寝っころがるのが気持ちいいわけです。ずっと寝てたら、寝てるのが辛くなってくるんですよ。そういうのが人間の本当に難しいところで。幸福に生きていきたいと思ったら、やっぱり不快も必要なんですよね。

川野　難しいですね、人間というのはなかなか。そうすると、どういうのが一番いいんですかね？　不快さも少しはあって……。

頭木　まあ、ポジティブシンキングでもなく、ネガティブシンキングでもなく、ほどほどがいいわけですよね。人間は極端なほうが楽なんですよ。ほどほどにってするのが、一番難しいことで。ほどほどに食べるとかもそうですよね。満腹するほうが、やっぱり楽しいし。

川野　そうですね。ああ、食べたって感じになるし。

頭木　そうですよね。今、ほどほどなのか、どうなのか、たとえば八分目食べなさいとか言われても、今六分目なのか、七分目なのか、八分目なのか、よくわからないですよね。自分のほどほどがどこなのか。なかなかつかめないですよね。

だから、これは失敗しながら身につけていくしかないんでしょうね。

川野　そうなんでしょうね。

では次は、その中島敦が、昭和一六年に南国パラオから、日本に残してきた妻に送った手紙です。ご紹介いたします。

中島敦の絶望名言 3 ― 人生が思いがけないほうにそれていく

そりゃね、丈夫な人なら、（そうして、あと二十年ぐらい大丈夫生きられる自信のある人なら）二年や三年、お前達と離れて、なさけない生活《くらし》をしても、あとで、それを取返すことができるんだから、いいさ。

しかし僕には、将来どれだけ生きられるやら、まるで自信がない。それを思うと、見栄も意地もない、ただただ、お前達との平和な生活を静かにたのしみたいというだけの気持になる。

それが一番正直な所だのに、それだのに、オレは、今頃こんな病気の身体をして、何のために、ウロウロと南の果《はて》をウロツイテルンだ。全く大莫迦《ばか》野郎だなあ。俺は。

（妻への手紙『中島敦全集』筑摩書房）

川野　昭和一六年九月二〇日の妻への手紙です。
この時、中島敦はパラオにいたんですね？

頭木　中島敦っていうと、代々漢学者の家で、中国の古典をもとにした作品が多いという印象が強いと思うんです。『山月記』もそうですね。

でも、じつはそれだけじゃなくて、南の島にも行っているんですね。そこを舞台にした小説も書いています。

喘息《ぜんそく》が持病だったんですね。それがなかなか良くならなくて、暖かい南のほうに行って療養したほうがいいんじゃないかと思っていたわけです。けれど、そういう金銭的な余裕がなくて。そんなとき、南洋庁という役所からですね、そこの職員になってパラオに赴任するという話が来るんです。それで、妻子と別れるのは辛《つら》かったんですが、単身パラオに行くんですね。

南国に行くと、給料もよかったんです。喘息の薬って、当時高かったらしいんですね。給料の3分の1ぐらいが薬代で消えて、奥さんは道を歩きながら、お金が落ちていないかと真剣に探したこともあるらしいです。

ただですね、南の島は、ものすごく暑いわけですね。暖かいというより。

川野　それはそうでしょうねえ。

頭木　あと、その当時、南国ならではのいろんな病気もあったわけです。それで、行ったとたん、また病気になってしまうんですね。だから療養どころか、逆にひどい目にあうんですよ。

それでまあ、こういう嘆きの手紙を奥さんに送っているわけです。

川野　夫婦でやりとりした手紙が残っているんですね。

頭木　はい。それがとってもいいんですよ。愛情がにじんでいるというかですね。中島敦という人は、とても家族思いだったようです。それというのも、自分が子供の時に、家庭にあまり恵まれなかったんですね。

両親が離婚して。実の母親とは、生き別れなんです。

五歳の時に父親が再婚するんですが、この二番目のお母さんに、木に縛りつけられたり、いじめられてしまうんですね。この二番目のお母さんも亡くなって、三番目のお母さんが来るんですけれど。三番目のお母さんは、浪費家で、莫大《ばくだい》な借金を作ってですね。お父さんはもとより中島敦もこの借金にけっこう苦しめられるんです。なかなか壮絶ですよね。

なので結婚してからは、中島敦は奥さんや子供をとても大切に思っていますね。

この手紙には「ただただ、お前達との平和な生活を静かにたのしみたい」と書いてあります。

もともと中島敦は、東京帝国大学を出て、とても成績優秀で、将来はどんなに出世するかと思われていたんですね。それが、大学院を途中でやめて、横浜の女子校の先生になってしまうんです。周囲はかなり驚いたらしいです。

このことについて中島敦は自伝的な小説の中で、こんなふうに書いています。


彼は自分に可能な道として二つの生き方を考えた。

一つは所謂《いわゆる》、出世——

名声地位を得ることを一生の目的として奮闘《ふんとう》する生き方である。

（中略）

もう一つの方は、名声の獲得とか仕事の成就とかいう事をまるで考えないで、

一日一日の生活を、その時その時に充ち足りたものにして行こうという遣《や》り方　（狼疾記《ろうしつき》）

それで中島敦はけっきょく、妻や子供とのささやかな幸せを選んだわけですね。ただそれは、学者としての出世にはあまり興味がなく、小説家になりたかったからということもあります。学者として研究に打ち込んだのでは、作品を書く暇がありません。女子校の先生をしながら小説を書くほうがよかったんですね。

ただ、せっかくそうしたのに、喘息に苦しみ、お金に困り、肝心な小説もうまくいかないんです。賞に応募したりもするんですけど、うまくいかなかったり。なかなか芽が出ないんです。そのままの状態で、南国行きになってしまうんですね。だから本当に何してるんだという気持ちは強かったでしょうね。

それで喘息が治ればまだしも、向こうへ行って、また別の病気になってしまうわけですから。

自分の一番の望みはわかっているわけですよね。ところが全然違うほうに人生はそれていってしまうわけです。ささやかな幸せさえ、遠ざかってしまう。

川野　うまくいきませんねえ……。

頭木　人によって理由はそれぞれだと思いますけど、中島敦みたいにですね、病気とかお金とかいろんな理由で、ささやかな幸せさえ手に入れるのが難しかったり、南の島とまではいかなくても、ずいぶん理想とかけ離れた生活をしている人っていうのは、意外と多いんじゃないでしょうか。

そういう人にとっては、この南の島の中島敦の手紙っていうのは、すごく心にしみるものがあると思います。

絶望音楽「パラオ恋しや」岡晴夫

川野　さて、今回も頭木さんに「絶望音楽」を選んでいただきました。

頭木　岡晴夫さんの「パラオ恋しや」という曲です。

昭和一六年の八月に出たレコードなんですけど、中島敦がパラオに行ったのが、やっぱり昭和一六年の八月から翌年の三月までなんですね。

ちょうど中島敦がパラオにいた頃に日本国内で「パラオ恋しや」という、南の島はいいですよみたいなレコードが出ていたんですね。

南の島にあこがれるノンキな歌詞です。

ただ、昭和一六年といえば、一二月に太平洋戦争が始まりますよね。パラオ諸島もいずれ戦場になるわけです。その四カ月前に、こんなノンキな歌が出ていたっていうのは、逆に怖いですよね。

川野　では、お聴きいただきましょう。岡晴夫「パラオ恋しや」です。

海で生活《くら》すなら　パラオ島におじゃれ

北はマリアナ　南はポナペ
島の夜風に　椰子《やし》の葉揺れて
若いダイバーの　船歌もれる

（♪岡晴夫「パラオ恋しや」より抜粋）

頭木　これを歌っている岡晴夫さんも、この後、南方の戦場に行って、病気になってしまいます……。

夜、床に就いてからじっと眼を閉じて、
人類が無くなったあとの・
無意義な・
真黒な・
無限の時の流を想像して、
恐ろしさに堪《た》えられず、
アッと大きな声を出して跳《とび》上《あが》ったりすることが多かった。
そのために幾度《いくど》も父に叱られたものである。

夜、電車通を歩いていて、
ひょいとこの恐怖が起って来る。

すると、
今まで聞えていた電車の響も聞えなくなり、
すれちがう人波も目に入らなくなって、
じいんと静まり返った世界の真中に、
たった一人でいるような気がして来る。
その時、彼の踏んでいる大地は、
いつもの平らな地面ではなく、
人々の死に絶えてしまった・
冷え切った円い遊星の表面なのだ。

（狼疾記《ろうしっき》）

川野　南国に恋焦がれる歌の後は、一転して闇の世界ですね。

頭木　これは『狼疾記《ろうしつき》』という自伝的な小説の一節です。

ここにある「今まで聞えていた電車の響も聞えなくなり、すれちがう人波も目に入らなくなって、じいんと静まり返った世界の真中に、たった一人でいるような気がして来る」っていうのは、なんとなくそういう経験をしたことのある人も多いんじゃないでしょうか。すべてシーンとして、なんか自分一人になってしまったような気になるっていう。

あと、この中に出てくる、夜中に急に怖くなって、アッと声をあげて飛び起きるっていう、これも経験のある人、けっこうおられるんじゃないでしょうか。

私も小さい頃に、おじいさんとか、お父さんとか、そういう人達がいつかみんな死んでいくんだと思うと、怖くてたまらなくなって、夜中に飛び起きたことが何回もあります。みんな、どうしようもなく、どんどん消えていくんだというのが、とても受け入れがたく怖かったですね。

中島敦の場合は、宇宙的孤独というような感じですから、もっと壮大な孤独感ですね。人類がいなくなって、地球もなくなって、太陽まで消滅した後の無の世界を心配しているわけで、ここまでの人は、なかなかいないと思います。

ただですね、たとえば人生で何かをなすとかいった時に、「でも、どうせ死んでしまうんだし」というようなむなしさを感じるということは誰にでもあると思います。人類史に名を残すほどのことをやったとしても、人類もいずれ滅びるわけですし。

さらに地球も太陽系も無くなっちゃうと思えば、これは大変なむなしさですよね。普通はそれは考えても仕方ないから、考えないようにして生きているわけですけれど、中島敦みたいに、どうしてもそれを考えないようにできないとしたら、それは苦しいですよね。

あとですね、中島敦は、この『狼疾記《ろうしつき》』という自伝的な小説の冒頭に、孟子《もうし》の言葉を引用しているんです。

養其一指、而失其肩背、而不知也、則為狼疾人也。

「其《そ》の一指《いっし》を養《やしな》い、其《そ》の肩背《けんはい》を失いて知らざれば、則《すなわ》ち狼疾《ろうしつ》の人と為《な》さん」

つまり、中島敦は自分のことを「一本の指をかばって、かえって肩や背まで失ってしまうような人間」だと言っているわけです。自尊心が傷つかないように、全力で努力しないというのも、まさにそういうことですね。

肩や背と一本の指、どっちを失うほうがましかと問われれば、それは指ということになるんでしょうが、やっぱり指も大事ですからね。ついかばってしまう。それで、逆に肩や背を失ってしまうということは、これは実際によくあることだと思うんです。ようするに優先順位を間違えてしまうわけですね。

そういう「優先順位エラー」って、けっこう日常でも非常に多いと思うんです。たとえば電車に飛び乗るとか。これ、事故になったら、命が危ないですよね。仕事に遅れるかどうかどころじゃないわけです。だけど、やっぱり飛び乗ったりしますよね。あと車でどこかに向かう時、その待ち合わせ時間に間に合うかどうかと、事故を起こすかどうかって、天秤《てんびん》にかけたら、それは事故のほうがはるかに重大なわけです。けれど、やっぱりアクセルを踏んでしまいますよね。そういうのって、本当は「優先順位エラー」ですよね。

理屈で言ったらおかしな行動なわけですけれど。やっぱりそれをやってしまうのが人間というものです。それこそ、ちょっとした意地を張って、大切な人と別れることになったりとか。後から考えると、つまらないことにこだわって、肝心なことを失敗する。それって本当に多いんじゃないかなと思います。

中島敦の、はるか先の太陽系の滅亡を考えて、今の自分の短い人生がうまく生きられないっていうのも、ある種、こういう「優先順位エラー」なわけですよね。だからこそ、冒頭にこの言葉が掲《かか》げてあるんでしょうけど。でも、これが人間味かもしれないですね。

川野　そうですよね……。

頭木　ただ、まあ、あれですね、「今、指一本のために肩や背を失いかけていないかな」ということは気にしたほうがいいかもしれないですね。

川野　そういうふうに思ってみたほうがいいですね。

中島敦の絶望名言 6

「かわいそうに、かわいそうに」

みづからの運命《さだめ》知りつつなほ高く上《のぼ》らむとする人間《ひと》よ切《せつ》なし

しかすがになほ我はこの生を愛す喘息《ぜんそく》の夜の苦しかりとも

あるがまま醜《みにく》きがままに人生を愛せむと思う他《ほか》に途《みち》なし

石となれ石は怖れも苦しみも憤《いか》りもなけむはや石となれ

いつか来む滅亡《ほろび》知れれば人間《ひと》の生命《いのち》いや美しく生きむとするか

（和歌《うた》でない歌《うた》『中島敦全集』筑摩書房）

頭木　最後は、川野さんに選んでいただいた中島敦の絶望名言です。

川野　はい。昭和一二年、中島敦二八歳の時の『和歌《うた》でない歌《うた》』という作品から、五つの短歌を選びました。これらの短歌はですね、中島敦の息づかいがそのまま伝わってくるような、そんな感じがしましてね。

頭木　ああ、そうですねえ。

川野　はい。「みづからの運命《さだめ》知りつつなほ高く上《のぼ》らむとする人間《ひと》よ切《せつ》なし」

自分の運命というのは、知ってはいるんだけれども、でも、なお高く今より上《のぼ》らんとしていく、そういう人間というのは、せつないところもあるし、愛《いと》おしいですね。

頭木　これは、この歌を読んだ時より、ずっと後のことになるんですけれども、本当に中島敦の人生を表しているような歌ですね。

先ほど言いましたように、中島敦はパラオに行っていたわけですね。翌年の昭和一七年の三月に日本に帰ってくるんですけど、やっぱり南の島から日本に帰ってくると寒いわけです。だから、たちまち喘息と気管支カタルで寝込んでしまうんです。そして、その年の一二月に、喘息と心臓衰弱で、三三歳の若さで亡くなってしまうんです。
一方で、日本に戻る直前の二月にですね、文学雑誌に『山月記』が掲載されるんですよ。ようするに、ついに作家デビューを果たすわけです。

川野 あっ、そうだったんですか。

頭木 ええ。だから南国から戻ってくるんですね。日本に戻ってくると、自分は作家デビューしていて、だけど病気で倒れてしまうんですね。日本に戻ってから亡くなるまでの、だいたい八カ月ぐらいなんですけれど、その間はですね、すごい勢いで名作をどんどん書くんですよ。

川野 この時期ですか。

頭木 ええ。体調は悪くなってくるんですけれど、作品はどんどん高まってくるんですね。だからまさにこの時期は、身体が弱っていくという「みづからの運命《さだめ》知りつつなほ高く上《のぼ》らむと」していたわけで、せつないですよね。

川野 この歌は中島敦そのものなんですね。けれど、これは誰にも当てはまることという感じがしますね。

頭木 まあけっきょく、みんな滅んではいくわけで。それでもなお高く上ろうとしていわけですからね。それを、せつないことだと言っているところがいいですよね。

川野　そうですね。「切《せつ》なし」というのが胸に響いてきました。

頭木　ええ。中島敦の場合は特に、人生が短いですから、それがギュッと凝縮されて感じられますね。

川野　はい。「しかすがになほ我はこの生を愛す喘息《ぜんそく》の夜の苦しかりとも」。これは病そのものを詠《よ》んでいますね。

頭木　中島敦は、喘息が苦しい時には、「もういっそ死にたい」と思うこともあったようです。でも一方で、やっぱり生きたいという思いも強くて、揺れ動いていて。

でも、亡くなる前は、「書きたい、書きたい、もう一人自分がいればいいのに」としきりに言っていたそうです。

川野　そうなんですね……。「しかすがになほ我はこの生を愛す喘息《ぜんそく》の夜の苦しかりとも」そして「あるがまま醜《みにく》きがままに人生を愛せむと思う他《ほか》に途《みち》なし」。

頭木　自分の人生を醜《みにく》いとも感じていたわけですよね。何回もお母さんが変わって、いじめられたり、借金作られたり、自分も病気になったり。でも、他の人生に取り替えるわけにいかないですからね。もうこの人生を愛すしかないわけです。「他《ほか》に途《みち》なし」と言っているところが、なんともまた、せつないですよね。

川野　せつないと思いつつ、しかし、おお、中島敦、立派じゃないかというふうにも思います。「石となれ石は怖れも苦しみも憤《いか》りもなけむはや石となれ」

頭木　この歌を詠《よ》んだ年の初めに、中島敦の長女が生まれて、すぐに亡くなっているんです。かなり悲しんだようなんで、そのこともあって、この歌なんでしょうね。苦しくて、もう石になってしまいたいと。石になれば、いっそ楽だという。そういうことなんでしょうね。

川野　そしておしまいに、「いつか来む滅亡《ほろび》知れれば人間《ひと》の生命《いのち》いや美しく生きむとするか」。

頭木　どうせ滅びてしまうからむなしいとも言えますし、滅びるからこそ美しく感じるっていうのもありますよね。悲しい美しさですけれど。

中島敦は、亡くなる時にですね、奥さんに背中をさすってもらいながら、その腕の中で亡くなるんですよね。すっかり痩せて軽くなっていたそうで、奥さんは「生きた人のように膝に抱きかかえて」人力車に乗って帰宅したそうです。そして、奥さんは「かわいそうに、かわいそうに」と言って泣き伏したそうです。

川野　中島敦の絶望名言が投げかけるものとは何なんでしょう？

頭木　『李陵《りりょう》』（『中島敦全集』筑摩書房）という小説に、こういう一節があるんです。

常々、彼は、人間にはそれぞれその人間にふさわしい事件しか起こらないのだという一種の確信のようなものを有《も》っていた。

ところが、実際にはちがっていた、と言っているんです。実際に、その人にぜんぜんふさわしくないことが起きる。それは自分のことですよね。自分にぜんぜんふさわしくないと思うことが次々と起きたと。さらにこれには続きがあってですね。

たとえ始めは一見ふさわしくないように見えても、少なくともその後の対処のし方によってその運命はその人間にふさわしいことが判《わか》ってくるのだと。

これも、そうではなかった、と言っています。

これはとても重要なことだと思います。

他人から見ると、その人の人生にふさわしい出来事のように見えてしまいますが、当人にとっては、いつまでたっても、どういうふうに対処しても、自分にふさわしいとは思えないということです。

中島敦自身は、自分の人生を、自分にふさわしいとは、まったく思っていなかったということですね。

今、私たちが中島敦の人生を振り返ると、喘息だったり、いろいろ苦労したりっていうのも、作家の人生として、なんだかふさわしくは見えますよね。繊細な中島敦が、そういう病気に苦しんで、ああいう作品を書いたっていうのは、非常にふさわしく見えるんですけれど、やっぱり当人にしたら、ぜんぜんふさわしくない出来事が起きて、しかもそれにどう対処しても、やっぱりふさわしくはならなかったと。そういうふうに思っていたわけですよね。

これってとても大事なことを言ってると思うんです。どうしても人は、ふさわしいことしか起きないように思うし、ある人に何か大きな出来事が起きた時には、それにちゃんと対処して、自分にふさわしいようにしろよ、というような目で、ある種、見てしまうところがあると思うんです。でも、当人はなかなかそうはいかないということですね。

自分の例で恐縮ですけれど、私自身も、難病になったとき、自分にはまったくふさわしくないと思いました。まあ、ふさわしい人なんかいないんですよね。本当に思いがけなかったですし、「なんでこんなことに」と思いました。

その後、こうやって『絶望名言』という番組などをやらせていただいていると、なんだか、ふさわしく見えてくるじゃないですか。実際、そう言われることがあります。「そういう病気されるのが運命だったんですよ」みたいなことを。

でもね、やっぱり自分からすると、これはずっとふさわしくないわけですよ。「ふさわしくないことが起きた」ということに、ずっと苦しめられるんですよね。

これは中島敦みたいに南方まで行ったりとか、いろんなことがなくても、あと私みたいに難病とかじゃなくてもですね、じつはそういう人、とても多いんじゃないかなと思うんです。

つまり、自分の人生にふさわしくない出来事が起きて、ふさわしくない人生を今送っている。そういうふうに感じている人達。「なぜ自分は、こんな自分にふさわしくない人生を生きなきゃいけないんだろう？」と思いながら生きている人達。そういう人達って、じつは多いと思うんです。そういう人達にとって、この中島敦の言葉は、とても胸にしみるものがあるんじゃないかなと思うんです。

川野さんは、そういう思いはないですか？

川野　多々あります。

頭木　そうですか。

川野　はい。でも、「いや美しく生きむとするか」というふうに中島敦の短歌にも書いてありますけれど、それも思いますね。

頭木　そうですね。そこは難しいところで、「でも、そうじゃないんだ」っていうことも、やっぱり言う必要があって。

中島敦は『李陵』とかの中で、それを書いているんですね。美しく生きるしかないけれど、でもそうじゃないんだっていう叫びもちゃんと書き残したところが、やっぱり素敵だなと思いますね。

川野　古今東西の名作から絶望に効く言葉を紹介する「絶望名言」。今日は中島敦の絶望名言をご紹介しました。

解説と名言の選定は文学紹介者の頭木弘樹さん。お相手は川野一宇でした。

（♪番組の最初と最後にかかる音楽は、グレン・グールド演奏による、バッハの「ゴールドベルク変奏曲」です。一九八一年の録音です。お問い合わせが多いので、書いておきますね）

中島敦　ブックガイド

『中島敦全集』
中島 敦
筑摩書房

こちらは2001～02年に出た、筑摩書房の第三次全集。3巻と別巻の全4巻。中島敦の決定版的な本。今もこれ以上の全集はありません。残念ながら品切中のようですが。

『李陵・山月記』
中島 敦
新潮文庫

なんといっても、まずは『山月記』です。この文庫には、『名人伝』『李陵』『弟子』と、中国の古典を題材にした作品の代表作が集めてあります。1冊目にオススメ。

『狼疾正伝 中島敦の文学と生涯』
川村 湊
河出書房新社

中島敦の生誕100年のときに出た、本格的な評伝。著者は、上記の筑摩書房の全集を編纂した委員会の一人で、中島敦の原稿を隅から隅まで読んだ上で書かれています。

『中島敦全集』
中島 敦
ちくま文庫

全3巻の、文庫による全集です。代表作はもちろん、書簡も入っていて、なかなか充実しています。注もついています。たくさん読みたい方は、最初からこちらを。

ベートーヴェン

第8回放送

絶望名言

私は何度も神を呪った。
神は自らが創り出したものを、
偶然のなすがままにして、かえりみないのだ。
そのために、最も美しい花でさえ、
滅びてしまうことがある。

（友人の牧師カール・アメンダへの手紙　一八〇一年七月一日）

川野　今回ご紹介するのは、音楽家のベートーヴェンです。頭木さん、ベートーヴェンは、名曲だけではなく、名言もずいぶん残しているんですね？

頭木　そうなんです。ベートーヴェンに名言というイメージはあまりないかもしれませんね。でも、言葉もとてもいいんです。たくさんの手紙が残っていますし、手記もあります。耳が聞こえなくなってから使っていた筆談のための手帳も残っています。

今日は、その中から、名言をご紹介していきたいと思います。

川野　ベートーヴェンの人生は、非常に苦しい時が多かったようですね。

頭木　びっくりするほど苦難の連続ですね。ざっと並べてみるだけでも、子供の頃は、父親がアルコール依存症で、ベートーヴェンを働かせて自分は飲んだくれ、思春期には母親が亡くなります。さらに、さまざまな病気に悩まされ続け、恋愛はすべてうまくいかず、一生独身で、お金にも困ることも多く、晩年は甥《おい》（弟の息子）にさんざん悩まされます。

ベートーヴェンは友人のヴェーゲラーへの手紙でこう書いています。

人生は美しい。しかし、私の人生にはいつも苦い毒が混ぜられている。

その後の人生でも、ずっとこの苦い毒が混ざりっぱなしだったんですけれども。特に決定的なのが、難聴になるんですね。耳が聞こえなくなったんです。作曲家にとって、聴力というのは、最も失いたくないものではないでしょうか。

川野　いつごろから聞こえなくなったんですか？

頭木　これは晩年になってからと思っている人が多いんじゃないでしょうか？第九を指揮したときに、聴衆が感動して総立ちで大喝采を送ったのに、ベートーヴェンは指揮台で聴衆に背を向けていたから、ぜんぜん気がつかなくて、振り向いて初めて気づいて驚いた、というエピソードが有名ですから。

でも、じつはかなり若い頃からで、二十七歳か二十八歳ぐらいからかなり難聴で。三十歳の頃にはもう、ほぼ聞こえないくらいになっていたみたいですね。

川野　そうなんですか！

頭木　ええ。作曲家が難聴になったということを、もし知られれば大変なダメージですから。ずっと隠していたわけですけれど、ついに二人の親友に、ほぼ同時に手紙で打ち明けるんですね。その手紙の一節が、先程、冒頭で読んでいただいたものです。

手紙には続けてこう書いてあります。

私にとって最も大切な聴覚が、どうにもダメになってきたんだ。
私はなんて悲しく生きなければならないんだろう！

川野　難聴のことを告白する手紙だったんですね。作曲家にとって、音が聞こえないというのは大変でしょうね。

頭木　私はじつは、難聴になったことがあるんです。で、なってみたら、思っていたのとぜんぜんちがったんです。難聴って、静かだと思うでしょう。聞こえなくなるわけですから。ところが、難聴って、すごくうるさいんですよ。

川野　あら、そうですか？

頭木　ええ。これは三つの意味でうるさくて。一つは、耳鳴りです。耳鳴りがひどいんですよ、難聴のときって。
もう一つはですね、聞こえないんですけど、ある種の音は非常に辛《つら》く響くんです。私の場合は、たとえば草刈り機の音が、普通は「うるさいなあ」くらいじゃないですか。それがもう耐えがたいんですよ。難聴のときはそういうふうになるんです。

この二つのことはベートーヴェンも手紙に書いています。

川野 あっ、ありますね。

頭木 はい。それともう一つ、難聴がうるさいという三番目の意味は、人間って耳で気配を察知しているでしょう。

川野 そうですね。

頭木 べつに何か聞こうとしなくても、いつも周りの音って耳に入っていて。だから、たとえば後ろから人が歩いてきたら、わかるわけじゃないですか、音で。それが難聴になると聞こえないですよね。そうすると、気配が、その分だけ失われてしまう、ということになるんです。
失われたところに何が入ってくるかというと、不安が入ってくるんですよ。

川野　不安がですか？

頭木　気配がわからなくなるから、逆に何かいるような気がするんです。たとえばまっ暗い道とか歩いていると、なんか周囲から現れてきそうな気がするじゃないですか。よく見えないから、逆になんか出てくるんじゃないかみたいな。耳が聞こえなくなっても同じで、なんか不気味な気配を逆に感じるんですよ。つい振り返ってしまうような。そういうような精神的なうるささもあるわけです。
というわけで、耳鳴りはするし、特定の音は苦しいし、そういうなんか妙な不安な気配にさいなまれるんですね。
だから、難聴になるってことは、たんに音が聞こえなくなってシーンとした沈黙の世界に閉じ込められて苦しいというだけじゃなくて、聞こえない上にやかましいんですね。これは、作曲しようとしたら大変だと思うんです。

川野　ああ、それはそうでしょうねえ……。

頭木　ええ。肝心の音は聞こえないのに、騒音は聞こえる状態ですからね。だから、よく作曲できたなあと、自分の難聴体験から思いますね。
あとベートーヴェンは耳だけじゃなくて、腹痛とか下痢にいつも悩まされていたんです。それ以外に、目もよくなかったんですよ。さらに胃もよく痛んでますし、あと天然痘とか、肺の病気とか、リュウマチとか、黄疸《おうだん》とか結膜炎とか、もうね、いろんな病気になって悩んでいたんです。

川野　それは大変ですね……。小さい頃から身体が弱かったんですね。

頭木　二十五歳になる前に、手帳に、「勇気を出そう。身体がどんなに弱くても、精神力で打ち勝とう。いよいよ二十五歳だ」と決意を書いています。

そういう決意の後で、難聴が始まってしまったんですから、あまりに苛酷《かこく》ですよね。

川野　身体が弱くても頑張ろうと決意したところだったんですね……。それなのに、二十七、二十八歳の若さで耳が聞こえなくなってくるなんて、手紙に「神を呪った」ってありましたけれど、本当に、そう思いたくなる気持ちは、よくわかりますね。

頭木　難聴になったときのことを、後で振り返って、こう言っています。

二十八歳で悟《さと》った人間になるのは簡単なことではない

（ハイリゲンシュタットの遺書）

難聴などのさまざまな苦しみを受け入れて、それでも前向きにやっていこうなんて、とても二十八歳でできることではなかった、ということですね。

川野　それは、そうですよね。「神は自らが創り出したものを、偶然のなすがままにして」っていうふうにありましたよね、さっきの手紙に。

頭木　はい。この「偶然」ということが非常に辛いんだと思いますね。

ここでベートーヴェンがすごいなと思うのは、それを「必然」とは思っていないですよね。神が与えた試練で、乗り越えるべきものだとか、そういうふうに思っていなくて、偶然なったと。なんでこんな偶然のなすがままに神がするんだと。そういう文句を、神様に言っているわけですけれども、そういうふうにとらえるっていうのも、なかなかできないことだと思うんですよね。

たとえに使っている、すごく美しい花も、偶然、雨が降ったりとか風が吹いたりとかで、簡単に滅ぼされてしまう。自分も偶然の力で、いろんな病気になったり、耳が聞こえなくなったりして、せっかく頑張ろうとしてるのに、辛いことになってしまう。「偶然」と思った時に、苦しみって、やっぱり倍増すると思うんですよ。だから「必然」を人は求めると思うんですね。

たとえば、「前世で何かしたから、今こういう目にあってるんだよ」とか。そういうほうが、むしろ受け入れやすいと思うんです。こういう理由があって、こういうことになった、というような因果関係を、人って求めたがるものだと思うんです。

ところが現実には、まったく偶然にひどいことが起きてしまったりする。それを受け入れかねて、ベートーヴェンは苦しんでいます。それでも、あくまで「偶然」ととらえているところが、素晴らしいなと思います。

川野　冒頭の名言の朗読のBGMは、ベートーヴェンのピアノソナタ第八番ハ短調『悲愴』作品13の第二楽章でした。演奏はヴィルヘルム・ケンプです。

(※このベートーヴェンの回では、名言ごとに、ベートーヴェンの曲をBGMとして流しました。なので、「絶望音楽」のコーナーは、なしにしました)

頭木　『悲愴』は一七九八年から翌年にかけて、ちょうど難聴がひどくなった時期に作曲されています。

ベートーヴェンの曲のタイトルは、本人がつけたものは少ないんですが、この『悲愴』は彼自身の命名です。

作品番号が13ですが、ベートーヴェンの作品番号は138まであります。ですから、そのほとんどは、耳が聞こえなくなってから作曲されているんです。

難聴は、この作品13よりかなり前から始まっていたわけで、耳にまったく問題ない状態で作曲されたのは作品1だけなのかもしれないんです。

川野　うーん、驚くべきことですね！

頭木　ベートーヴェンが静かにピアノを弾いているつもりのとき、じつは音はぜんぜんしていなくて、でもベートーヴェンは音楽に感動しながら弾いていて、その様子に胸をしめつけられた、と記している人もいます。

川野　悲しくて美しいエピソードですね……。

できることなら私は、
運命と戦って勝ちたい。
だが、この世の中で、
自分が最もみじめな存在なのではないか、
と感じてしまうことが、
何度もある。

あきらめるしかないのだろうか。
あきらめとは、
なんて悲しい隠れ家だろう。
しかも、それだけが
今の私に残されている隠れ家なんだ。

(友人の医師フランツ・ゲルハルト・ヴェーゲラーへの手紙　一八〇一年六月二九日)

川野　名言の朗読と共に流れた曲は、皆様もよくご存じの交響曲第五番『運命』第一楽章の冒頭部です。オイゲン・ヨッフム指揮、ロンドン交響楽団の演奏です。

頭木　この有名な最初のダダダダーンというフレーズ、これは難聴になった頃に作られたものらしいんです。

『運命』というタイトルはベートーヴェン自身がつけたものではないのですが、「このダダダダーンというのは、いったい何を表しているんですか?」と人から聞かれて、「これは運命がドアを叩く音だ」というふうにベートーヴェンが答えたので、『運命』というタイトルになったとも言われます。

まさに「難聴になった」という運命に、ドアをダダダダーンと激しく叩かれたということかなと思います。

ちなみに、この曲を聴いたゲーテは（メンデルスゾーンがピアノで弾いて聴かせたそうです)、「家がこわれそうだ」と言ったとか。ドアを叩く運命の音は、そこまで激しかったということでしょう。

そんな運命にはお帰り願いたいですが、そうもいかないわけで、ベートーヴェンは、「できることなら運命と戦って勝ちたい」と思うわけです。

しかし、こんなふうに言っているんですね。

すべてを乗り越えようとはしてみた。
しかし、どうやったら、そんなことができるんだ？

（友人の牧師カール・アメンダへの手紙　一八〇一年七月一日）

川野　そんなことはできないと正直に言ってるんですね。

頭木　もうあきらめるしかないのかと。でも「あきらめとは、なんて悲しい隠れ家だろう」と言っているわけですね。

まあ、あきらめるということも美徳の一つだとは思うんです。けれども、やっぱりそれは本当の気持ちじゃない。あきらめることで、心を落ちつかせる。自分を慰める。そういう隠れ家に過ぎないと、ベートーヴェンは感じていたわけですね。

川野　でも、その隠れ家しか自分にはもう残されていないわけですね。

頭木　あきらめるしかないということは、誰の人生にもたくさんあると思うんです。

私なんかの病気も治らない病気ですから、あきらめるしかないと言われました。だんだん年を取るということも、これは逆に若返っていくわけにはいかないですから、まあ、あきらめるしかないと言えばあきらめるしかないことです。いろいろあると思うんですけど、そういうときに、仕方ないんだからとあきらめて、静かに心を落ち着ける。そういう生き方も、当然あると思います。

でもベートーヴェンは、「それは悲しい隠れ家だ」と言って、なかなかあきらめないんです。

川野　あきらめないんですね。ベートーヴェンっていうのは「不屈の精神力で運命に立ち向かった」というイメージが強いですよね。よくそういうふうに言われます。

頭木　まあ、そう言えなくもありませんが、でもここでベートーヴェン自身が言っているように、超越して運命に戦って勝つということではないわけですね。それはやっぱりできないと。でも、あきらめることもできないと。ようするに、どっちにも行けないところで苦しみ続けるという意味での不屈の精神ですよね。

それもなかなか、ある種、できないことだとは思うんです。収まりがつかないですからね。ずっと苦しいわけですし。でも、それがまた素敵だし、いろんな曲を生んだのかなという気もしますね。

頭木　この交響曲第五番は、第六番『田園』と並行して、同時に作曲されています。『田園』では、まさに田園の美しさが表現されています。小鳥のさえずりが再現されていたりします。

でも、このときもうベートーヴェンは耳が聞こえていないんです。ですから、自然の音を聞いて、それを音楽にしたわけではありません。

耳の聞こえない人間が、昔の記憶と、強いあこがれとで作っているから、いいんですね。たんなる描写ではない、美しさがあります。

自然がベートーヴェンの唯一の友であったと、恋人が言っています。

ベートーヴェン自身も「私ほど田園を愛する者はあるまい」と言っています。「私はひとりの人間を愛する以上に、一本の木を愛する」

ベートーヴェンの絶望名言 3 ―― 希望を捨てて、絶望の歌をうたう

希望よ、悲しい気持ちで、おまえに別れを告げよう。
いくらかは治るのではないか、
そういう希望を抱いてここまで来たが、
いまや完全にあきらめるしかない。
秋の木《こ》の葉が落ちて枯れるように、
私の希望も枯れた。
ここに来たときのまま、私はここを去る。

美しい夏の日々には勇気もわいて、励まされたが、
そんな勇気も今は消え去った。
ああ、神様、歓喜の一日を、私にお与えください。
心の底から喜ぶということが、
もうずっと私にはありません。
いつかまたそういう日が来るのでしょうか？
もう決して来ない？
そんな！　それはあまりにも残酷です。

（ハイリゲンシュタットの遺書　一八〇二年一〇月一〇日）

頭木　「ハイリゲンシュタットの遺書」と呼ばれる文章の一節です。ハイリゲンシュタットというのは地名で、温泉が湧《わ》いているところなんです。ベートーヴェンも、難聴の温泉治療のためにやってきたわけです。

このときは腸の調子もよくなくて、そのほうはよくなったんですね。ところが難聴のほうは、ぜんぜんよくならなかった。「腸が治れば難聴も治るんじゃないか、連動しているんじゃないか」とベートーヴェンは期待していたので、がっかりしてしまうんです。「ここに来たときのまま、私はここを去る」と。

川野　「遺書」ということですけど、ベートーヴェンは死ぬ気だったんでしょうか？

頭木　遺書っていうふうに言われていますが、これから自殺するつもりで書いたわけではないんです。この遺書の中に「もう少しで自分の命を絶つところだった」という文章があって、だから自殺はしかけたんですけれども、思いとどまった後で書いているんですね。一つの踏ん切りをつけるために書いたというか、その踏ん切りが、「希望よ、悲しい気持ちで、おまえに別れを告げよう」ということだと思います。

これまでずっと、難聴を治すためにいろいろ頑張ってきたわけです。いつか治るんじゃないか、少しでもよくなるんじゃないかと、希望を抱いて。でも、もうあきらめ――いえ、あきらめとも少しちがうんですね。希望に別れを告げるんです。希望を持つことをやめるんです。

これはとても悲惨なことに思えますが、じつはこの後、十年間ぐらいの間に、さまざまな名曲を次々と生み出すんですね。「傑作の森の時代」と呼ばれています。有名な交響曲の『英雄』『運命』『田園』も、この時期ですし、ベートーヴェンの生涯に作った曲の半分ぐらいは、この時期に生み出されていて、しかも完成度が極めて高いと評価されています。希望に別れを告げた後に、これだけ名曲が生まれる、というのは、ちょっと不思議な感じがすると思うんですよね。

川野　本当ですね。

頭木　ただですね、希望っていうのは、常にいいものみたいに思われていますけれど、たとえば病気が治るんじゃないかと思って、ああしよう、こうしようというのも、行き過ぎると、だんだん怪しい療法に行ったり、怪しい宗教に行ったりとか、そういうこともあるじゃないですか。

川野　ありますね。

頭木　だから、希望を持ち続けるせいで、だんだん歪んでいくっていうこともありうるんです。

川野　うーん、難しいですね。

頭木　常に希望を持つのがいいと言われますけれど、決して必ずしもそうではないんですね。そのせいで、かえって困ったことになる場合もあるわけです。絶望も、もちろん歪みますけれど、希望だって、やっぱり人を歪めることがあるんですね。

ベートーヴェンは希望に別れを告げますけど、つまり、治そうとあがくよりも、難聴の中で曲を作っていく決意をするわけですね。そこから名作が生まれるわけです。

絶望というのは、普通イメージすると、荒れ果てた荒野みたいなイメージですよね。それこそ草も木も生えないみたいな。

でも、実際には、絶望というのは、けっこう豊かな面もあると思うんです。何も取れない土地ではなくて、けっこう肥沃《ひよく》な、いろんなものが収穫できる土地でもあると思うんですよね。絶望したからこそ、いろんなことにも気づけるし、いろんな思いを抱くし、心も動くし。その中から美しい曲が生まれるというのは、やっぱりありうることですよね。

川野　たしかにね。ベートーヴェンの例を見てみると、本当にそうなんですね。

頭木　ベートーヴェン自身の言葉で、「辛いことを辛抱しながら考えてみると、一切の災いは何かしら良いものを伴《ともな》ってきている」と。そんなふうにも言っているんです。だから名曲は苦悩のおかげで生まれた面も、ないことはないわけですね。

川野　絶望というのは、お話を聞いていると、まあ捨てたものではないというところもあるわけですね。

頭木　ええ。ただですね、じゃあ絶望したほうがいいのか？　と。

川野　そうですね。そこです。

頭木　よく言われますよね、人間は何か苦労したほうが立派になるとか、絶望を経験することで成長するとか。ただですね、それはまたちがうと思うんです。

絶望したほうがいいとか、絶望のほうが実りが豊かだとか言ったって、やっぱり絶望はないほうがいいですよ。それはベートーヴェン自身も、親友への手紙でこういうふうに言ってるんです。

ああ、この病気が治りさえしたら、私はこの全世界を抱きしめるだろうに。今の不幸の重荷の半分だけでも減らすことができたら、どんなにいいだろう。

これだけ名曲を書いていてもですね、やっぱり治るほうがいいんですよ。

川野　まあ、それはそうでしょうね。

頭木　そういうところで、ベートーヴェンは嘘をつかないというか。名曲が生まれたから、自分はもう幸せなんだとか。そういうふうには言わないところも、また立派だなと思うんですよね。

なお、朗読のBGMとして流していただいた、ピアノソナタ第十四番『月光』は、この時期に作曲されたものです。とても美しいですよね。ヴェデルニコフというロシアのピアニストによる演奏ですが、私はこれがいちばん好きです。

不滅の恋人よ。
朝まだベッドの中にいるうちから、
もうあなたのことばかり考えています。
私たちの願いがかなうことを期待しながら、
喜びに満たされたり、悲しみに沈んだりしています。
あなたと一緒に生きていけるのか、
それとも別々に生きていくしかないのか。

私は遠く彷徨うことにしました。
悲しいことにそうしなければならないでしょう。

私の生活は今やみじめなものです。
あなたは私を
この世で最も幸福な人間にもしてくれますが、
この世で最も不幸な人間にもします。

（不滅の恋人への手紙　一八一二年七月六日から七日にかけて）

川野　今度はベートーヴェンのラブレターですね。

頭木　ベートーヴェンの死後に発見されたもので、宛名は「不滅の恋人」となっていて、名前が書いてないそうです。

川野　「不滅の恋人」はいったい誰なのか、わかっているんでしょうか？

頭木　さまざまな説があり、完全には確定していないようです。ベートーヴェンは生涯に何人もの女性に恋をしますが、その多くは片思いで、相手のためにいろいろつくして頑張ったりするのですが、けっきょくうまくいきません。
女性のほうもベートーヴェンを好きになったりするんですが、けっきょく別の男性と結婚したりします。ベートーヴェンもまた、それを応援したりしてしまうんです。
まるで『男はつらいよ』の寅さんのようです。けっきょく、生涯、独身でした。

頭木　ここで流していただいた、交響曲第七番イ長調作品92は、この「不滅の恋人」との恋愛が反映されているのではないかとも言われています。

川野　オイゲン・ヨッフム指揮、ロンドン交響楽団の演奏でお送りしました。

頭木　『のだめカンタービレ』で使われて、有名になった曲ですね。

ベートーヴェンの絶望名言 5 ──「わかってもらえない」絶望

不機嫌で、打ち解けない、人間嫌い。
私のことをそう思っている人は多い。
しかし、そうではないのだ！
私がそんなふうに見える、
本当の理由を誰も知らない。
私は幼い頃から、情熱的で活発な性質だった。
人づきあいも好きなのだ。

しかし、あえて人々から遠ざかり、
孤独な生活を送らなければならなくなった。
無理をして、人々と交わろうとすれば、
耳の聞こえない悲しみが倍増してしまう。
辛い思いをしたあげく、
またひとりの生活に押し戻されてしまうのだ。

（ハイリゲンシュタットの遺書　一八〇二年一〇月六日）

川野　うーん。みんなが思っているような自分ではなくて、本当は情熱的で活発な性質だったんだと、子供の頃から。

頭木　そうですね。ベートーヴェンというと、こわい顔をして、人を寄せ付けないイメージがありますが、本当はそうではないと。

川野　人づきあいも好きなほうなんだと。でも、それができなくなってしまった。

頭木　ベートーヴェンはですね、どんどん服装も無頓着になっていって、ある人は、初めてベートーヴェンに会って、ロビンソン・クルーソーかと思ったと（笑）。それぐらいひどい格好だったみたいで。あだ名も「汚れた熊」って呼ばれたりですね。

川野　それはひどいですね。

頭木　あんまりひどい格好なので、怪しまれて逮捕されたこともあるらしいですよ。

川野　えー、それだけで？

頭木　ええ。そんなに汚い格好をしている一方で、ベートーヴェンは潔癖症で、よく手を洗っていたんですよ。それは矛盾しているんじゃないか、だからベートーヴェンには何か精神的な疾患があったんじゃないかと、そういうふうにも言われているんです。

私はそれはまったくちがうと思うんですよ。私はここになんの矛盾も感じません。精神的な疾患ということも、まったくないと思うんです。

川野　ほぉ、それはどうしてですか？

頭木　というのはですね、この「ハイリゲンシュタットの遺書」に書いてあるように、ベートーヴェンは人を避けて孤独に暮らすしかなかったわけですよね。会いたくても、人に会えない。いわばひきこもりみたいな暮らしをしていたわけですよね。

そうすると、だんだん服装に無頓着になるのは、むしろ自然ではないでしょうか。孤独が深まれば深まるほど、さらに服装に無頓着になっていってもおかしくありません。だって、いろいろ身だしなみを整えたりして、それでも人に会えないとなると、ますます悲しいじゃないですか。

いくら都会にいて、人がいっぱいいても、ベートーヴェンにとっては無人島にいるようなものだったわけですよ。だからロビンソン・クルーソーみたいになるのは、まさに当然ですよね。無人島状態ですから。

川野　なるほど。無人島にいるとすれば、服装にはかまわなくなりそうですね。

頭木　で、潔癖症のほうですけど、ベートーヴェンは身体が弱くて、胃が痛んだり、とくに腸が弱かったわけです。そういう胃腸が弱い人っていうのは、口から入ってくるものに、非常に気をつけます。私自身もそうですから、すごくよくわかります。

私もよく手を洗います。もともとは家に帰ってきても手を洗わなくて怒られるほうだったんですが、腸の病気になって以来、口から何か入ると大変と思うので、非常に潔癖症になってしまいました。

川野　手から菌が入って、身体を悪くするということは、たしかにありますしね。

頭木　ええ。だからよく手を洗っていたというのも、何の不思議もありません。

無人島状態だったから、ロビンソン・クルーソーみたいだったし、胃腸が弱いから、よく手を洗っていた。なんにもおかしいところはないわけですよ。

ところが、そういう詳しい事情を知らない人から見ると、「汚れた熊」なのに、よく手を洗っていると。ちょっとどこかおかしいんじゃないの？　みたいになってしまうわけです。

　ちょっと見には、おかしなことをしている人でも、その人の身になって、よくよく考えてみれば、じつはとても納得のいくことをしているものです。

　それを軽々しく、精神に問題があると見てしまうと、さらにその人を追い詰めることになります。

　わからないことは仕方ありませんが、笑いものにする前に、「何か事情があるのかも」という、ためらいがほしいと思います。

川野　決めつけるのではなくてね。

頭木　ええ。ベートーヴェンの場合にも、身なりの無頓着さと手を洗う潔癖さというのは、彼の二つの悲しさを表していたわけですよ。孤独と身体の不調っていう。それをさらに笑い物にされてしまうわけですからね。そこはちょっとためらいが欲しいですよね。

川野　なかなか、しかしそのためらいを通り越して、直線的にパッと判断してしまうっていうことが、今の世でも多いですよね。

頭木　多いですね。たとえば私も知らなかったんですけれど、映画館で上映中にスマホをいじっている人って、マナーが悪いと言われるじゃないですか。まあ、私もそうだなと思ってたんですよ。映画をせっかく見に来ているのに、スマホをいじっている。あと光も出ますからね、周囲の人は気になってしまいます。

そうしたら、視覚障害の人は、そのスマホで音声ガイドを聞いていたり、そういうことがあるらしいですね。だから映画館に来て、スマホを使って映画を楽しんでらっしゃるわけですよ。

川野　なるほど。

頭木　そこでもしですね、「スマホを使っちゃダメじゃない、マナー違反じゃない」ってやっちゃうと、せっかく来てるのに楽しめなくなって、もう来る気がしなくなるかもしれないですよね。

何かおかしなことをしているなと思っても、もしかすると何か事情があるかもしれないという気持ちをどこかに持っていれば、同じ注意するにしても、言い方がちがってくるはずです。やさしく注意すれば、向こうも言いやすいですから、「実は音声ガイドなんです」って。そうすれば、こっちも、ああそうですかとなるじゃないですか。

川野　はい。何か事情があるかもしれないというふうに思うか思わないか。大きな違いですね。

頭木　ここでかけていただいた、弦楽四重奏曲第十五番 イ短調 作品132の第三楽章には、「病癒えたる者の神に対する聖なる感謝の歌」というふうにベートーヴェンが書いています。

一八二五年、この曲を作っている途中で、腸の持病が急激にひどくなり、とても苦しんで、温泉もある保養地のバーデンに移り療養します。それでもなかなかよくならず、「多量の血を吐いた」りもしたようです。

それでも、三週間ほどでだんだんよくなっていきました。

その腸の病気がよくなった喜びの中で書かれたのが、この第三楽章です。とても美しいですよね。

難聴など、いろいろと治らない病気を持っているだけに、病気が治ったときの喜びはひとしおだったと思います。

ベートーヴェンの絶望名言 6 ―― 絶望から歓喜へ

苦悩を突き抜けて歓喜にいたれ!

(エルデーディ夫人への手紙　一八一五年一〇月一九日)

羊飼いのうたう歌が聞こえてきて、
みんながそれに耳を傾けているのに、
私だけはぜんぜん聞こえなかったとき、
それはなんというみじめさだっただろう。
自ら命を絶つまで、あとほんの少しのところだった。
私を引き留めたのは、芸術だった。
自分が使命を感じている仕事を成し遂げないで、
この世を見捨ててはいけないように思われたのだ。

（ハイリゲンシュタットの遺書　一八〇二年一〇月六日）

頭木　今回も最後に、川野さんに絶望名言を選んでいただきました。

川野　二つあるんですが、まず「苦悩を突き抜けて歓喜にいたれ！」は友人への手紙からです。そしてもうひとつは「ハイリゲンシュタットの遺書」からです。

頭木　「苦悩を突き抜けて歓喜にいたれ！」というと、これはもうベートーヴェンの第九（交響曲第九番ニ短調作品125『合唱付き』）の第四楽章『歓喜の歌』ですね。

川野　オイゲン・ヨッフム指揮、ロンドン交響楽団演奏で、お聴きいただきました。

頭木　「苦悩を突き抜けて歓喜にいたれ！」は、手紙の一節ですが、その前の部分は、こういう文章です。

私たちは、ひたすら悩むために、そして歓喜するために、生まれついているのです。

最善なのは、苦悩を突き抜けて歓喜にいたることでしょう。

「私たちは」というのは、人間はということでしょうね。歓喜するためだけに生

まれついていたいものですが、「ひたすら悩む」ためにも生まれついているんですね。

川野　「苦悩を突き抜けて歓喜にいたる」のが最善と言っていますね。

頭木　これがどういう意味なのかということですよね。

苦しい状況にあったけど、それを克服して、今はいい状況にいて喜んでいます、苦労したけど、めでたし、めでたし、みたいな、そういう感じにもとれますよね。でも、そうなんでしょうか？

これは作家のカフカの言葉なんですけど、こういうのがあるんです。

いちばん深い地獄にいる者ほど、きよらかな歌をうたうことができます。天使の歌だと思っているのは、じつは彼らの歌なのです。

（ミレナへの手紙）

ちょっと意味がわかりにくいと思うんですけど、暗い谷の底にいる人間ほど、上の明るさというものを求めるわけですよね。明るさに感激するし、明るさの値

打ちというものを一番知っているのは、そういう暗い谷底にいる人間だと思うんです。

ベートーヴェンは、苦悩の中にあったからこそ、歓喜のすばらしさというものが、誰よりもわかっていたわけですよね。それをすごく求めて、願っていた。ずっと苦悩続きの人生だったベートーヴェンが『歓喜の歌』を作曲するっていうのは、ちょっと考えるとおかしいような気もすると思うんです。ベートーヴェンは、めでたし、めでたしにはなっていないわけです。歓喜するような境地にはいたっていないわけです。でも『歓喜の歌』を作曲しました。

この『歓喜の歌』っていうのは、陽気な人が陽気な歌をうたっているんじゃないんだと思うんです。まだ谷底にいて、歓喜を求め続けて、そこから歌っている歌だと思うんです。だから、地獄からの歌で、だけど、それがいちばんきよらか。なぜかというと、歓喜がいかにすばらしいか、身にしみているから。

ベートーヴェンの『歓喜の歌』も、そういう「天使の歌」だと思うんです。だから、「突き抜けたい」と思っているわけで、まだ「突き抜けてめでたし」にはなっていない歌なんじゃないかなと思うんですよね。めでたしのお祝いの曲ではない。

あくまで苦悩からみた歓喜の輝きの曲であると。だからこそ、苦悩している人の心にとても響くんじゃないでしょうか。

川野　歓喜している人間が書いた曲ではないから、いいわけですね。

頭木　交響曲第六番『田園』が、実際にはもう聞こえない、想像の田園を描いているから美しいのと同じで、『歓喜の歌』も、手に入らない歓喜にあこがれている者が、必死で手をのばすようにして書いているからいいのではないでしょうか？

だから、これを聴いて感激するのは、歓喜している陽気な明るい人ではなくて、むしろ、悲しみを抱えていたり、苦悩したりしている人ではないでしょうか。

作家のロマン・ロランは、『幼き日の思い出』という本の中でこう書いています。

生きることのむなしさを感じ、危機的な心理状態にあった私に、生きる火を灯してくれたのは、ベートーヴェンの音楽であった。

そういう人は、きっと他にも多いと思います。

川野　第九は、今では毎年、年末には演奏されますし、とても人気がありますが、これは当初からずっとそうだったのでしょうか？

頭木　初演のときは大成功だったんですね。大喝采で、泣き出す聴衆もたくさんいて、騒ぎを鎮めるのに警官も必要なほどで、ベートーヴェンは演奏会の後で、感動のあまり気絶したそうです。それほどの大成功だったんですが、じつはその後は、まったく評価されなくなったんです。何回か演奏会は行われたのですが、すべて失敗。当時は、もっと明るい陽気な音楽のほうが好まれたようです。

その後も、ベートーヴェンが生きている間は、どんどん評価が下がるんです。そのせいで、ベートーヴェンは書き直そうとしたくらいです。

ところがですね、時は流れて、第一次世界大戦の後のことです。一九一八年に、平和への祈りを込めて、大晦日にドイツのライプツィヒで第九が演奏され、それ以来、年末には第九というイメージとともに、誰もが知る重要な曲になっていったようです。

日本での初演も、じつは第一次世界大戦中に、徳島県の鳴門市にあったドイツ人の捕虜収容所でドイツ人が演奏したんだそうです。

第九の評価が上がって、みんなが感動したのは、世界大戦という悲惨なことがあってからなんですね。非常に悲惨な状況から、平和を、歓喜を求めるときに、演奏されるようになり、再評価が進んでいったわけです。

だから、作られた状況と、受けとめられた状況というのが、ぴったり合っているんです。苦悩から、そこから突き抜けて歓喜にいたりたいという、やっぱりそういう願いの曲なんですよね。

川野　ただ頭木さん、どうでしょうか。そういう苦悩とか絶望から、すばらしい曲ができるというのは。ベートーヴェンという天才だからできたんじゃないかというふうには思いませんか？

頭木　そこですよね。先ほど選んでくださった名言で、芸術の使命があるから命を絶つのをやめたというふうにベートーヴェンは言っていて。じゃあ、ぜんぜん作曲とかできなくて、他のこともできなくて、なんにも世に残すような使命がなかったとしたら、どうなのか？　ベートーヴェンは天才だからいいけど、他の人はどうなるのか？

でも、そうじゃないと思うんです。ベートーヴェンが芸術のために自殺を思いとどまったというのは、彼の場合は作曲ができるから。それで思いとどまったわけですけれど、もし彼がなんにもできなかったとしたら、そこで思いとどまらなかったかというと、そうではないと思うんです。

ベートーヴェンは、いちばん大事に思っているのは人間の「善良な心」だと言ってるんですね。別のところでは、その「善良な心」を大切にしたいから、自殺を思いとどまったとも言ってるんです。それはどういうことかというと、ベートーヴェンは「ハイリゲンシュタットの遺書」にこう書いているんですね。

いつかこれを読む人達よ、あなたがもし不幸であるなら、私を見なさい。あなたと同じひとりの不幸な人間が、あらゆる障害にもかかわらず、それでもなしうるすべてのことをした。そのことになぐさめを見出してほしい。

価値のあるものを残すから、生きる価値があるというのではなくて、さまざま

な悲惨な出来事があっても、それでも一人の人間として全力を尽くして生きて、できることをやって、できないことはもちろんやれない。けれども、なんとか生きる。その生きるということだけで、他の人の励みになるんじゃないかというのが、ベートーヴェンの思っていたことではないでしょうか。

ロマン・ロランもこう言っています。

悲惨なことがあって、私たちが悲しんでいるとき、ベートーヴェンは私たちのそばにいる。

実際、多くの人が、ベートーヴェンの曲を聴いて、その背景や、ベートーヴェンの人生については何も知らなくても、たしかになぐさめを得ていると思います。それはすごいことだと思います。

川野　本当にそうですね。今回の名言の翻訳は頭木弘樹さんでした。

ベートーヴェン　ブックガイド

『ベートーヴェンの生涯』
ロマン・ロラン
岩波文庫

古い本ですし、伝記的な正確さを求めることはできませんが、ベートーヴェンの生涯を語った本としては、今でもこれがなんといってもまずはオススメです。感動作。

『絶望書店　夢をあきらめた9人が出会った物語』
頭木弘樹・編
河出書房新社

ベートーヴェンの難聴に関する手紙と「ハイリゲンシュタットの遺書」を、もっと読んでみたい方は、こちらを。私が選者のアンソロジーで、私が訳して載せています。

『作曲家 人と作品　ベートーヴェン』
平野 昭
音楽之友社

最新の研究に基づく正確な伝記を知りたいときには、この本がいいようです。他に、青木やよひ『ベートーヴェンの生涯』（平凡社新書）も評価が高いようです。

『新編 ベートーヴェンの手紙』上・下
小松雄一郎・編訳
岩波文庫

ベートーヴェンの手紙を、難聴に関するものだけでなく、さらに読んでみたい方は、こちらを。なお、青空文庫にも、別の訳で、ベートーヴェンの手紙が少しあります。

向田邦子

第9回放送

絶望名言

向田邦子の絶望名言 1 ── 生きる悲しみ、食べる悲しみ

じいちゃんは悲しかったのだ。
生き残った人間は、生きなくてはならない。
生きるためには、食べなくてはならない。
そのことが浅《あさ》ましく口惜《くや》しかったのだ。

(『冬の運動会』大和書房)

川野　今回ご紹介するのは、脚本家で作家の向田邦子さんですね。

頭木　はい。昭和四年、一九二九年の生まれですね。アンネ・フランク、グレース・ケリー、オードリー・ヘップバーンと同じ年の生まれです。

まだご存命の方としては、草間彌生《くさまやよい》さんが、やはり同じ年の生まれです。向田さんも、もし生きてらっしゃったら九十歳だったはずです。

川野　五十一歳で事故で亡くなられて残念でした。

頭木　向田さんは、テレビドラマのシナリオも書かれますし、エッセイも書かれますし、小説で直木賞も受賞されていて、とても多才な方なんですが、エッセイや小説は、じつはわりと後からで、最初はテレビドラマをずっと書かれていたんですね。

それも、たとえば『時間ですよ』とか『寺内貫太郎一家』とか、ちょっとコメディタッチのホームドラマをずっと書かれてました。

それが、大きな病気をされて、手術も受けられて、さらにその手術の輸血が原因で肝炎になられて、そのせいで右手が動かなくなってしまうという、大変な経験をされるんですよね。向田さん、当時の心境をこう書かれています。

厄介《やっかい》な病気を背負い込んだ人間にとって、
一番欲しいのは「普通」ということである。

(『父の詫び状』の「あとがき」文藝春秋)

頭木　やっぱり病気すると、この「普通」っていうのが本当にね、手が届かないものになりますよね。普通っていうのは、普通だけに、失うと本当にきついですよ。

川野　ええ。私もわかりますね、この言葉は。

頭木　向田さんは、テレビドラマのお仕事は、当然しばらくお休みになるわけです。

そのときに、向田さんのご病気のことをぜんぜん知らずに、たまたま書籍の編集の方が、エッセイの連載の依頼をしてこられたんですね。向田さんは、かなり迷われたみたいなんですけれど、じつはこの時点では、もうあまり長く生きられないかもしれないと思ってらっしゃって、考えた末に、書くことを決断されます。

誰に宛てるともつかない、のんきな遺言状を書いて置こうかな、という

気持ちもどこかにあった。

（同前）

「のんきな」と書かれていますけど、このとき、右手が使えないわけで。左手でゆっくり書かれたそうです。

川野　左手でねえ。

頭木　この連載が本になったのが、最初のエッセイ集『父の詫び状』なんですね。

こうしてエッセイも書かれるようになるわけです。

テレビドラマにも復帰されたのですが、作風が大きく変わりました。

テレビ局のプロデューサーの方が、当時の思い出話を書かれているんですが、向田邦子さんがある日「ちょっと話したいことがあるの」とやってきて、「私、病気しちゃってねえ」「これからシリアスなものを書きたい」「自分で書きたいものを、きちんと書きたくなったの」とおっしゃったそうです。

病後に初めて書かれた連続テレビドラマが、この『冬の運動会』なんですね。

川野　冒頭でご紹介した言葉は、この『冬の運動会』の中のセリフですね。

頭木　どういう場面かというと、おじいさんが愛する人を失って、すごく悲しんでいるんです。なんにも食べようとせず、泣くことさえできずにいるんです。周りの人が心配して、「食べなきゃ駄目だよ」ってみんなですすめて、「いま、バテたら、あしたの葬式に出らンないよ」とか、いろいろ言って、口に無理やり入れるようにして、海苔巻きを食べさせるんですね。

ついに海苔巻きを食べ始めたときに、おじいちゃんの目から、初めてポロポロ涙が出るんですね。なんで泣きだしたんだろうとみんなは思うわけですけれど、そのとき、おじいちゃんの孫がですね、今のセリフを内心の言葉としてつぶやくわけです。

川野　もう一度、読みますね。「じいちゃんは悲しかったのだ。生き残った人間は、生きなくてはならない。生きるためには、食べなくてはならない。そのことが浅《あさ》ましく口惜《くや》しかったのだ」

頭木　悲しくて、もう何も食べたくないのに、でもやっぱり食べなきゃいけない、生きなきゃいけない。食べたら、やっぱりおいしかったりするわけですよね。

川野　そうでしょうねえ。

頭木　それがあさましくて、くやしくて、それで涙が出てるんだっていうふうに孫は思うわけですね。

ここの何がすごいって、「食べる」ということを、「あさましく悲しいこと」というふうにとらえていますよね。それがくやしいと。もちろんそれは一方で、生きていくという意欲だし、生きる力だし、いいものもあるわけですけれど、一方で生き残っていくっていう悲しさでもありますよね。

生きていくっていうのは、やっぱり大切な人が死んでもお腹が空《す》くっていうことであり、食べ物がおいしいということなんですよ。それはなかなか気づきにくいことで。普通は、人がもりもり食べてたりとか、おいしそうにしたりしているとか、それってはたから見ても、気持ちがいいですよね。

一方で、こういう食欲のあさましさ、悲しさ。あと、死んでいくほうは、もう食べられないわけですから、もう生きられない側の食べられない悲しさ。そういうのもあるわけで、それを書いた向田さんは、すごいと思うんです。

川野　やっぱり、これはご病気をされたということもあるのかもしれませんね。

頭木　病後の心境の変化を、向田さんが、こう書かれているんですよ。

あの頃、持っていた疲れを知らない体力や、向う見ずは失くした代りに、あの頃は判らなかった人の気持が、少しは判るようになりました。

(『森繁の重役読本』の「あとがきにかえて　花束」文春文庫)

元気なときには気づかなかった、さまざまな気持ちに気づくようになっていかれたんだと思います。

そういう心境の中で、この後、『阿修羅のごとく』とか、『あ・うん』とか、シリアスな名作ドラマを次々と書かれ、小説も書かれていくんですね。

川野　この次もドラマの中のセリフです。

向田邦子の絶望名言 2

断ち切れない「家族熱」

自分でも納得して、
キッパリ別れたつもりでいるでしょ。
思い切って遠くの土地へ行って、
新しい仕事はじめて
――昔の暮し、すっかり忘れたつもりでいるでしょ。
そうはいかないのよ。体の中に残ってるのよ。

(『家族熱』大和書房)

川野　テレビドラマ『家族熱』から、離婚して、ひとりでお店をやって生活している中年の女性のセリフです。

頭木　『家族熱』というのは、『冬の運動会』の後に書かれたドラマです。『あ・うん』とか『阿修羅のごとく』に比べると、そんなに有名ではありません。

でも、じつはとってもいいドラマなんです。私はすごく好きです。

どういうお話かというと、別れた妻が久しぶりに元の夫の近所に戻ってきて、復縁したい気持ちがどんどん高まっていって、ついには精神を病んでしまうんです。

ホームドラマはたくさんありますが、家族というものへの執着で、精神を病むまでに至ってしまうドラマは、おそらくこれ以外にはないのではないでしょうか？　すさまじいドラマです。

加藤治子さんが、その別れた妻を演じておられるんですけれども。まあ大変な迫力なんですね。

今の名言のシーンというのは、加藤治子さんのところに、不倫関係を清算しようとしているカップルがやってきて、別れ方のコツを聞くんです。加藤治子さんは、別れて自分で立派に生活していますから。ところが加藤治子さんは、「フフフ、教える資格はないわねえ」って言って、このセリフを言うんです。

川野　改めてご紹介します。「自分でも納得して、キッパリ別れたつもりでいるでしょ。思い切って遠くの土地へ行って、新しい仕事はじめて――昔の暮し、すっかり忘れたつもりでいるでしょ。そうはいかないのよ。体の中に残ってるのよ」

頭木　さらにこう続きます（加藤治子さんのセリフだけの抜粋です）。

昼間はいいのよ。夕方がいけないの。

日が暮れて、あたりが暗くなって、昔だったら、豆腐屋さんのラッパが聞こえてくるあの時間が、買物かごさげた主婦で八百屋や魚屋のごったがえすあの時間が、一番アブないのよ。

今迄《いままで》、六切買ってたお魚が突然一切になるのよ。うっかり、そのブリ六切頂戴《ちょうだい》って言いかけて――やだ、あたし、何言ってンのかしらって笑いながら、急に、涙が――。

お魚なんか買わないことよ。夕方は、一人でおもてなんか歩かないことよ。

そう言っておきながら、その後で加藤治子さんは、夕方の町を、買い物かごを手にして歩き出します。夕方の買い物をしている主婦たちに混じって、放心したようになって……。気がつくと、いつの間にか元の家の中に立っているんです。別れた元の夫の家の中に。昔のように勝手口から入って。

そして、自分でびっくりしてしまいます。

「やだわ、あたし――どうして、――どうしてこんなとこ入ってきたのかしら。やだ、やだわ」

そこまで家族に執着してしまうんですね。あきらめきれないんです。当人にとっても理不尽なほどに、心が家族を求めるんです。

それはまさに熱のようなものです。「家族熱」です。

川野　家族っていう言葉はですね、あたたかさとかぬくもりとか、かけがえのないものというふうにとらえられていまして、現実にそうでしょうけれども、しかし、うっとうしいもの、そこから逃れたいと思っている人もけっこういる、そういう存在でもありますね。というのは、なかなか一筋縄ではいかない。

頭木　ええ。両面があると思いますが、家族やっぱり若いうちや、元気なうちは、なかなか気づかないと思うんですね。若くて元気ならひとりでも平気ですから、うっとうしいほうが勝《まさ》るかもしれないです。ただ、だんだん年を取ってきたり、孤独になってきたとき、どうなるかっていうのは、けっこう厳しいものがあると思うんです。

これ、最近、私が経験したことなんですが、あるとき、道を歩いていて、なんでもないおじさんがいたんです。まったく気にもとまらないような人が。そのおじさんに、若い華やかな女性が、ふいに声をかけたんですね。すごく意外な組み合わせで、一瞬、驚きを感じました。

そしたら、「おとうさん」と呼んでいるんです。娘さんだったんですね。なんでもない普通の風景ですが、そのとき、なんだか「あっ」と思いました。ああ、そうなんだなあと、すごく印象的でした。

私にとっては、なんでもないおじさんでも、この女性にとってはおとうさんであり、特別な人です。もし倒れたりしたら、かけつけるし、心配するし、死んだら泣くでしょう。

　でも、もしおとうさんでなければ、まったく気にもかけないはずです。

あたりまえのことですが、これはすごいことです。

つまり、もし家族がなければ、誰も自分を特別視してくれないということです。すべての人が、自分を、どうでもいい人としか見てくれないんです。その他大勢、有《う》象《ぞう》無《む》象《ぞう》です。

　これは大変な孤独だと思います。

たんに家族がいないさびしさという以上の、世の中全体が自分を気にかけないという、とてつもないさびしさだと思います。

川野　親しい友達、親友というのは、また家族とはちがいましょうね。

頭木　友達も、もちろん大事ですが、たとえば、すごく仲違いしたとして、そしたら友達って、もうそのまま疎遠になって、それっきりっていうこともありますよね。

　でも家族というのは、たとえば倒れたりしたら、呼び戻されちゃうわけですよね。そういうふうに、やっぱりちょっと切っても切れないところは、どうしてもあって。「倒れたって知るもんか」って言ったとしても、そこにはやっぱり憎しみとかいざこざとかいう、特別なものがあるわけです。それがまったく無い孤独っていうのは、やっぱりすごいことだと思うんですよね。

そういう孤独に耐えている人が、世の中たくさんいると思うんですよね。そういう人は、家族をうっとうしいと思っている人を、もしかしたらぜいたくだと思っているかもしれません。

でも、もちろん、家族のせいで、本当にひどい目にあっている人もいます。家族がいなかったら、どんなに幸せだろうという人も、もちろんいるわけです。

その両面ですけど。いずれにしろ、なんらかの強い感情がそこにはあるわけです。それがまったくないさびしさっていうのは、そういう人しか経験しない、怖ろしいことかもしれないですね。

川野　さて、次の名言も、このテレビドラマ『家族熱』からです。

向田邦子の絶望名言 3 ―― 生きていけないけど、死ぬには未練がある

おふくろが握っていたのは、果物ナイフだった。
うちで一番切れない
――りんごの皮もむけない果物ナイフだった。
さびしくて、辛くて、
――とても生きてゆけないと思って
――しかし、本当に死ぬには、未練《みれん》がありすぎて
――本当はみんなにとめてもらいたくて、
死んだフリをして、死んでしまいたい気持をごまかして
――きっと生きてゆく――

（『家族熱』大和書房）

川野　果物ナイフ。

頭木　はい。ようするに、とてもそれじゃあ死に切れなさそうな果物ナイフを持って、死ぬようなフリをすると。

こういう、いわゆる自殺未遂、しかも本当に死ぬ気はないというとき、ちょっと非難されますよね。「本当に死ぬ気はないじゃないか」と。「だったら、そんな人騒がせなことをするな」と。

本当に死のうとした人のことは心配しても、そうではないと感じると、逆に怒るような感じ、ありますよね。「本当は死にたくないんだろう」みたいな。

これは私はね、それはないんじゃないかなと思うんですよ。

川野　どういうことでしょう？

頭木　白黒つけようとしすぎなんじゃないかな、って思うんです。「生きたいのか、死にたいのか」って、なんか両極端を押しつけてるでしょ。

果物ナイフみたいな、本当は死なないようなもので死のうとしているなら、それは生きたいんじゃないかと。「じゃあ、死ぬようなそぶりをするなよ」っていうことでしょう。死ぬんだったら死ぬ、生きるんだったら生きるにしろっていうことじゃないですか。
でも、ほとんどの人は、生きたいと死にたいの間のグレーゾーンにいるんじゃないでしょうか。どっちかにキッパリしている人なんて、むしろ少ないように思うんです。

川野 死にたくないと思ってる人が、多いんじゃないですか？

頭木 そうかもしれませんが、ただ、じゃあもう、思い切り生きたいかというと、やっぱり、とても生きていけないっていう思いにもとらわれることも、しょっちゅうじゃないでしょうか？

川野 それは、そうですね。そうか、間を揺れ動いている。

頭木 ええ。ほとんどの人は、間を揺れ動いていると思うんですよ。ちょっと死ぬほうに近寄っちゃったり、生きるほうに近寄ったり。

この言葉にもありますけれど、「死んだフリをして、死んでしまいたい気持をごまかして」。こういうことはね、すごくあると思うんですよ。

グレーゾーンにいるときに、ぐーっと死のほうに近寄っちゃう。でも生きていたいという気持ちもある。そういうとき、こういう、死ねないけど、死んだフリみたいなことをして、なんとか生きていくっていうのは、やっぱりあるんだと思うんです。

もう少し簡単なあれだと、「死にたい」って口に出すとかね。これもあんまり言ってると、よく怒られますよね。「死ぬ気もないくせに」とか。死ぬ気はなくても、「死にたい」って口に出すことで、ちょっと戻ってこれたりするわけですよね。

川野　「死にたい」と言うのは危険ではないですか？

頭木　たとえばですよ、今みたいな寒い時期だと、寒い寒いって言いますよね。挨拶でも「今日は寒いですね」って。「ああ、寒いですねえ」とか返事するじゃないですか。暑い時期だったら、暑い暑いって言いますよね。「暑いですね」「暑いですね」って。

これ、なんの意味もないですよね。寒いですねとか言ったからって、気温が上がったり、暑いですねと言ったからって、気温が下がったりするわけじゃないですよね。

なんにも意味がないんだけど、じゃあもし、「寒い寒い言うな」とか、「暑い暑い言うな」とか封《ふう》じられたとしたら、どうでしょう？　寒さはよりいっそうきつくないでしょうか？　暑さもよりいっそうきつくないでしょうか？

川野　たしかに。「寒い」と言うことによって、なんとなく気がおさまるところもありますね。

頭木　そうですよね。言うってことで、やっぱりちょっとはちがうし、相手が「寒いですね」って言ってくれることで、やっぱりちょっとはちがう。

「死にたい」も、そうですよ。「死にたい」って言うことで、べつにそれでね、何か条件がよくなるわけでもないし、死にたくなる理由がなくなるわけでもないし、活力が生まれるわけでもないですけど、言わずに抑えておくよりは、鍋のふたをちょっとずらすくらいの効果はあると思うんですよ。そこから湯気がポッポッと、ちょっと出ることで、ドカーンと行かずにすむっていう。

川野　鍋のふたをずらす、ですか。なるほど。

向田邦子の絶望名言 4 絶望音楽「辛い別れ」アン・マレー

川野　今回も頭木さんに、絶望音楽を選んでいただいております。今日お選びいただいた曲は、どんな曲ですか？

頭木　アン・マレーの「辛い別れ」という曲なんですけど、これは向田邦子さんの『幸福』というドラマの主題歌です。

原題は「You Needed Me」で、歌詞の内容はですね、自分を必要としてくれた、とても素敵な人がいたっていう、それこそ幸福な内容なんですよ。歌詞はぜんぶ明るいんです。

ただ、すべて過去形なんです。

それが過去だとすると、こんな素敵な人がいたのにっていう悲しみがじわじわ来るという、せつない曲ですね。曲調も、せつないですね。

川野　それで邦題が「辛い別れ」なんですね。

頭木　そうなんだろうと思います。

川野　『幸福』というドラマは、他の向田邦子ドラマほど有名ではありませんね。

頭木　そうですね。放送当時の視聴率は低かったようです。土曜の夜十時からの放送で平均八・六％です。

でも、とてもいいドラマです。いいものというのは、どこかこれまでにないところがあるわけで、最初はなかなか受け入れにくいものですよね。そろそろ再評価されてもいいんじゃないかと思います。

向田さんは、妹さんに、「『幸福』は好きな作品なのよ。読んでほしいの、観てほしいの」と言って、台本を手渡されたそうです。

みなさんも、ぜひご覧になってみていただきたいと思います。ＤＶＤが出ていますし、シナリオも本になっています。

この『幸福』で、最初に出てくる言葉をご紹介しますね。

素顔の幸福は、しみもあれば涙の痕《あと》もあります。
思いがけない片隅に、不幸のなかに転がっています。

向田邦子の絶望名言 5
おかしな形で安定している

「あれ、何てったかなあ。
将棋の駒、グシャグシャに積んどいて、
こう、ひっぱってとるやつ」
「一枚、こう、とると、ザザザッと崩れるんだなあ」
「おかしな形は、おかしな形なりに、均衡があって、
それがみんなにとってしあわせな形ということも
――あるんじゃないかなあ」

(『あ・うん』大和書房)

川野　『あ・うん』は、とても人気のある向田邦子ドラマですね。

頭木　印象的なタイトルですが、『あ・うん』というのは狛犬のことで、対《つい》になって向かい合ってる狛犬みたいな二人の男の友情を、その家族とか周辺の人を交えて描いているドラマです。

二人の友情とか家族とかが、じつに絶妙なバランスの上に成り立っているんですね。嫉妬とか劣等感とか、普通なら関係が壊れちゃうようなものが、逆にみんなを結びつけているんです。おもしろいですよね。

川野　この「将棋の駒、グシャグシャに積んどいて、こう、ひっぱってとるやつ」というのは……。

頭木　将棋くずしですね。

川野　ああ、将棋くずしか。それが、そういう微妙な関係、微妙な形を成り立たせているという、比喩として使われていますね。

頭木　子どもの頃に、友達の家に遊びに行ったりしたときに、他の家庭って、ずいぶん自分んちとちがうんだなって驚いたことありませんか？

たとえばある家ではですね、お父さんが帰ってきたってなると、それまでにぎやかに笑ったりしていた家の中が、シンとするんですよ。お父さんが家の中に入ってきて、ミシッミシッと廊下を歩いてくる音に、みんなが緊張したりしてね。

川野　そういうのは、家によって、ぜんぜんちがいますね。

頭木　なんでしょうね、家族はこうあるべきっていう、ある種の理想像みたいなものがあると思うんですよ。みんな、そこに向かって、努力しているというか。理想的な家庭像と比べて、うちはちょっといけないんじゃないかとか。

そういうことも、もちろん必要だと思いますが、あまり理想を目指しすぎて、「そうでなければならない」と思いすぎると、かえって歪《ゆが》むというか、将棋くずしのように、せっかくなんとかバランスを保っていたのがくずれるということもあるんじゃないかなと思いますね。

完全無欠の健康体というものがないように、
完全な家庭というものもあるはずがない。

これは向田邦子さんの『家族熱』の中の言葉ですが、まさにそうだと思います。

私は病気ですから、病気っていうのは不完全な身体になるわけですよね。だから、完全な身体を目指すんです。そうなれないっていうことに、非常に苦しむんです。

一方で、病気をした不完全な身体なりに生きていこうとする人もいて、そういう人のほうがうまくいったりするっていうのも、目にしています。でも、それってけっこう難しいんですよね。完全を追わないというのは。

元通りにしなきゃっていう思いに、ずいぶんとらわれていたので、新しい身体なりの生き方をしようというほうに、なかなか行けなかったですよ。

今でも、そうなれてるとは言えないです。おかしなバランスでもいいんじゃないかっていう発想を持つのは、けっこう難しいことで。

川野 私の場合は、今、身体がちょっと、右足が少し麻痺しています。今でも夢に見ます。スタスタ歩いてるんですね、普通の道路を。「あっ、歩けるようになったんだ」っていうふうに思うんですよね。それで、ハッと目が覚めてみて、朝、「あっ、そうはなっていないんだ」と。

そういう中で、少し昔に戻そうかなというふうに、一生懸命リハビリをしていますけれどね。でも、完全な身体に戻ることはないということになると、じゃあこれで自分の今後の人生を歩んでいくということが、ふさわしいのかなというふうに――もちろんリハビリに励みますけれどね、そういうふうに考える毎日ですね。

頭木　ふさわしい人生を生きるということ自体が、なかなか難しいですよね。人はどこかで、ふさわしくない人生をみんな生きているんだと思います。

生き方も、おかしなカタチで、なんとかバランスをとっているということがあるのかもしれません。理想とはちがう、きれいなカタチではなくても。

たとえば、ずっとひきこもっているとかは、おかしなカタチなのかもしれないけど、それでバランスがとれていれば、無理に正しいカタチにしようとしないほうがいいのかもしれない。

ただ、おかしなカタチのほうが、やはりわずかな衝撃でくずれやすいという弱さもあるわけで、そこが難しいですね。

人間なんてものは、
いろんな気持かくして生きてるよ。
腹断ち割って、ハラワタさらけ出されたら
赤面して――
顔上げて、表歩けなくなるようなもの
抱えて、暮らしてるよ。
自分で自分の気持にフタして知らん顔して、
なし崩《くず》しにごまかして生きてるよ。

(あ・うん)

川野　これ、そういうことがあるよねっていうふうに、しみじみと思いました。

頭木　そうですよね。

でも一方で、よく言われるのが、「気持ちが通じない」ということですよね。コミュニケーション不全だとか、意思の疎通の不可能性とか、そういうことがよく言われますよね。人と人の気持ちが通じないことが、現代人の孤独であり、問題点であるとか。

あれ、私は、けっこう逆なんじゃないかと思っているんですよね。

本当にみんな、気持ちを伝えようとしているのでしょうか？

意志を疎通させようとしているんでしょうか？

私はむしろ、みんな、本当の気持ちが伝わらないように努力しているんじゃないかなと思うんですよね。そのために会話してるんじゃないかと。伝えるためじゃなくて、伝えないために。

川野　伝えないためにですか？

頭木　自分の本音が、もしダダ漏れになっちゃったら、えらいことですよね。『サトラレ』っていうマンガがあって、主人公は自分の心がぜんぶ人に伝わっちゃうんですね。そういうのって、すごく大変ですよね。

普通の人っていうのは、そういう他人に伝わっちゃ大変な本音を隠しながら生きてるわけじゃないですか。だから、しゃべってるとき、頑張って、本音が伝わらないようにしているんじゃないかと思うんですよ、むしろ。

川野　そうですね、おっしゃる通りかもしれませんね。

頭木　ほとんどの言葉は、むしろ本音を隠すために、語られているような気がするんですよね。

だから、「気持ちがうまく伝わらないのが悩み」という人が多いですけど、本当は「伝える技術」の問題じゃなくて、「伝えない技術」の問題じゃないかなと思うんですね。いかに気持ちを伝えるかという練習より、いかに本音を伝えないかというほうがむしろ肝心で。その努力の方向性がちがうから、うまくいかないということもあるんじゃないかなと思いますね。

「本心を自分は人にうまく伝えることができなくて悲しい」という人がいますけれど、むしろそれは、うまく伝えることができなくて、ホッとしてもいいんじゃないかなとも思います。伝えないことのほうが、よほど人間関係をよくします。

向田さんが、『言葉が怖い』という講演会で、こういうふうにおっしゃっています。

言葉は恐ろしい。
たとえようもなく気持ちを伝えることの出来るのも言葉だが、
相手の急所をグサリとさして、
生涯許せないと思わせる致命傷を与えるのも、
また言葉である。

言葉は怖いですよね。本音がポロリと出てしまうこともありますし、あと、本音であるかのように、本音じゃないことを言ってしまうこともあるんですよね、人間。

川野　ありますね。

頭木　ええ。ポロリと出たから本音とも限らなくて。

そういうふうに、本当に言葉は怖い面がありますが、もっぱら自分の気持ちを隠すためにあると思ったほうが、まだしもうまく使えるような気が、私はちょっとします。

川野 向田さんが亡くなったのは、一九八一年。あれから四十年近く経つわけですね。

頭木 ああ、もうそんなになりますか。

川野 そんなに経った気がしませんね。今でも、初めて若い人が読む、新たにまたファンが増えている、というようなところもあるようですね。

頭木 そうですね。さっきの『あ・うん』というドラマに出演していらっしゃった杉浦直樹さんというベテラン俳優さんが、こうおっしゃっています。

向田さんの台本を読むと、
自分じゃ見ることのできない背中を見せられたような気がしました。

(「テレパル」一九八五年五月一八日号)

たしかに自分の背中って見ることができないですよね。

自分のことは自分がいちばんよくわかっているとか言いながら、自分の顔って鏡の中でしか見られないし、自分の横顔とか後ろ姿とか見られないですよね。

もしかしたら、後ろ姿は、思いがけないほどさびしそうかもしれないし、逆に、意外とちゃんとしているかもしれないし。

そういう、なんでしょう、自分では見られない自分の姿を見せられるような、そんな感じがするドラマなんじゃないでしょうか。

そこが魅力なのかなと思います。こんな後ろ姿が、本当はあるんじゃないのって言われたような、ちょっとドキッとする感じがあるんじゃないですかね。

ドラマの中に、いろんな登場人物が出てきて、高齢の人も若い人もね、そういう人物や家族が描かれていく中で、いろんな人のさまざまな後ろ姿が、当人には見えない後ろ姿が出てくる。そういうドラマだと思いますね、向田邦子ドラマは。

向田邦子　ブック・CDガイド

『向田邦子全集〈新版〉』
文藝春秋

生誕八十年を記念して刊行された、小説やエッセイや対談などの全集です。書簡も少し。全11巻+別巻2巻の全13巻です。テレビドラマのシナリオは入っていません。

『向田邦子シナリオ集』
岩波現代文庫

ありがたいことに、全6巻のシナリオ集が、文庫で出ています。向田邦子はエッセイや小説もいいですが、なんといってもテレビドラマのシナリオが素晴らしいです！

『言葉が怖い』
向田邦子
新潮CD

これは本ではなくCDです。講演の録音で、向田邦子の肉声を聴くことができます。亡くなる約半年前の1981年1月14日に大手町日経ホールで収録されたものです。

『向田邦子TV作品集』
大和書房

こちらは古書のみとなりますが、全11巻で、岩波現代文庫には収録されていない、『家族熱』『源氏物語・隣りの女』『蛇蝎《だかつ》のごとく』『だいこんの花』の巻があります。

川端康成

第10回放送

絶望名言

言葉が痛切な実感となるのは、
痛切な体験のなかでだ。

（『虹いくたび』新潮文庫）

川野　今日ご紹介するのは、川端康成です。日本人で初めてノーベル文学賞を受賞し、二〇一八年が受賞五十周年でした。

頭木　川端康成が生まれたのは一八九九年、明治三二年ですね。同じ年に生まれた人としては、作家のヘミングウェイ、俳優のハンフリー・ボガート、それからアメリカのギャングのアル・カポネもそうです。日本だと『のらくろ』の田河水泡さんが、同じ年の生まれです。

七十二歳で亡くなったのが、一九七二年です。これは沖縄がアメリカから日本へ返還された年ですね。アメリカでウォーターゲート事件が起きた年でもあります。

川野　川端康成というと、『伊豆の踊子』や『雪国』が有名ですが、頭木さんもまずそのあたりから読まれたんですか？

頭木　私はじつは、ずっと読んでいなかったんです。川端康成というのは、伊豆で踊り子といちゃいちゃしたり、雪国で芸者といちゃいちゃしたりして、それを小説に書いているような、まあそんな人だと思っていたんで、まったく興味なかったんです。そんなものを読んで何が面白いと。

ところが、『百年の孤独』という小説を書いたガルシア＝マルケスというラテンアメリカの作家が、川端康成を絶賛していたんです。へぇと思って、それでマルケスがほめていた、川端康成の『眠れる美女』っていう小説をちょっと読んでみたんです。わりと薄い本ですし。そうしたら、これがびっくりして飛び上がるほどすごいんです。それで、同じ文庫に入っていた『片腕』というのも読んでみたら、さらにすごいんです！　こんなすごい人がいたのかと思って、日本文学を再発見するような気持ちでした。それからは大ファンなんです。

川野　冒頭でご紹介したのは、小説『虹いくたび』からの引用で、「言葉が痛切な実感となるのは、痛切な体験のなかでだ」という言葉です。

頭木　世の中には、素晴らしい名言とか素敵な言葉がたくさんありますよね。感動したり、なるほどと思ったり。

でも、そのまま聞き流してしまったり、感動したような気がしても、そのときだけのことだったり。そういうことも多いと思うんです。

でもですね、自分が何か痛切な体験をしたときに、ふとその言葉がよみがえってくる。そうすると、そのときに初めて、その言葉が本当に痛切なものとして心にしみるということがあると思うんです。

川野　同じ言葉でも、ちがって感じられるということですか？

頭木　たとえば私の場合で言うと、『絶望名人カフカの人生論』という最初の本に載せた言葉なんですが、「将来にむかって歩くことは、ぼくにはできません。将来にむかってつまずくこと、これはできます。いちばんうまくできるのは、倒れたままでいることです」というカフカの言葉があるんです。

なんでもないときに読めば、ちょっと笑っちゃうような言葉なんですけど、難病になって、ベッドの中でずっと倒れたままでいるしかなくなったときに、これを読むとですね、それはもうなんとも痛切な言葉なんです。

川野　なるほど。それはそうでしょうね。

頭木　やっぱり体験の中で言葉が痛切なものになっていくということは、川端康成が言ってるように、あることだと思いますね。

川野　でも、痛切な体験をしてから言葉をさがすのは、なかなか難しいですよね。

頭木　そうですね。やっぱり先に言葉を知っていて、何か体験したときに、それを思い出して、痛切に感じるということですよね。

ですから、日頃からいろんな言葉にふれておくって、すごく大事だと思うんです。痛切な体験をしたときに、まるでそれに対応する言葉がないよりは、思い出して、ああ、あれだっていう言葉があるほうが、ずっといいと思うんです。もちろん、それで何か解決するわけではないんですけど、やっぱり心の持ちようとしてはね、すごくちがうんですよね。あるか、ないかって。

川野　この『絶望名言』という番組も、そのための番組とも言えますね。

頭木　そうですね。ですから、絶望名言に興味もないし、今はまったく痛切に感じない人も、笑いながらとか、ふーんとか、あきれながらでもいいんですけれど、とりあえず聞いておいてもらえれば、いつか痛切な体験をしたときに、ふっと思い出して、そういえばこういう言葉があったなあと……。それはずいぶんちがうんじゃないかと、そんなふうに思っています。

川端康成の絶望名言 2

大事な記憶ほど変化する

忘れるにまかせるということが、結局最も美しく思い出すということなんだな。

(「散りぬるを」『眠れる美女』新潮文庫)

川野　川端康成の小説『散りぬるを』からの言葉です。殺された女性二人を、知人の小説家が回想するシーンで紹介されます。

頭木　川端康成は、小説を書くときに、自分の体験をもとにしていることがあって、もちろん体験をそのまま書いているわけではなく、創作も入っているんですが、なかでも『十六歳の日記』という作品は、本当に十六歳（数え年）のときに、病気で寝たきりの祖父の介護をしながら書いていた日記なんですね。

このとき、川端康成は、おじいさんと二人暮らしだったんですけれども、このおじいさんが最後の肉親だったんです。母親と父親は、川端康成が三歳になるまでに、どちらも亡くなっているんです。おばあさんも七歳のときに亡くなって、四つ上のお姉さんがいたんですけれども、この人も川端康成が十歳のときに亡くなって、最後の肉親のおじいさんが十六歳のときに亡くなるんです。

ですから、若いうちから、ずいぶん身内の死を経験しているんです。『葬式の名人』という作品も書いているぐらいでして。で、たった一人になってしまうんです。

この祖父との最後の日々をつづった『十六歳の日記』は、書いてから十年後にたまたま見つかるんです。それを十年ぶりに川端康成は自分で読んでみて、こんなふうに言ってるんです。

この祖父の姿は私の記憶の中の祖父の姿より醜くかった。私の記憶は十年間祖父の姿を清らかに洗い続けていたのだった。

（『十六歳の日記』の「あとがき」『伊豆の踊子』集英社文庫）

川野　なるほど。先ほどの名言の通りということになりますね。「忘れるにまかせるということが、結局最も美しく思い出すということなんだな」

頭木　川野さんは、そういう記憶の変化というのは、何かご経験がおありですか？

川野　嫌なことは忘れたがるというのが、人間の性《さが》でしょうから。それから言うと、今残っている記憶は、美化されていることが多いんでしょうね。

頭木　人によっては、嫌な思い出のほうが強く残っているということもあるかもしれませんね。

川野　それは、あるでしょうね。

頭木　どっちもあるんでしょうね。

私は『ドラえもん』の中で印象的なエピソードがあるんです。のび太のお父さんとお母さんが、結婚のなれそめの話をしていて。お父さんのほうは、お母さんのほうからプロポーズしてきたと言って、お母さんはお父さんのほうからプロポーズしてきたって言って、夫婦喧嘩になるんですね。どちらが本当なのか、のび太とドラえもんがタイムマシンで過去に見に行くんですけど、けっきょく、のび太たちが見に行ったせいで、そういうおかしなことになったというのが結末なんです。（てんとう虫コミックス『ドラえもん』第一巻「プロポーズ作戦」）

大事な思い出なのに、当事者の二人の記憶がすごくちがっていることって、現実にもありますよね。たいていは自分の都合のいいように変えていることが多くて、変えられちゃったほうは、腹が立つわけですよね。でも、実際より自分がよくなかったように思い込んでいる場合もありますし、いずれにしても、記憶っていうのは、けっこう不確かなものですよね。

川野　記憶の不確かさは、私も感じることがあります。

頭木　時の流れの中で、どんどん変わっていく。それは良く変わったり、悪く変わったり、どっちでもない、なんていうか不思議な変わり方をすることもあって。

昔、ネット上に、おもしろいサイトがあったんです。映画についてのサイトなんですけど、タイトルとか監督とか、そういうことはまったく覚えてないんだけど、小さい頃に見てすごく印象的だった映画について、いろんな人が書き込むんです。

昔の記憶だけで語っているわけです。こういうあらすじの映画だったとかいうふうに。それが、まあ、なんともおもしろいんですよ！　こんなおもしろい映画あるの？　っていうぐらいおもしろい映画がいっぱい書いてあって。

映画に詳しい人が、「それはあの映画じゃないかな」とか教えてくれたりするわけです。すると、「たしかにそれでした！」って、お礼とともに、実際の映画のあらすじも書き込まれるわけです。

ところがです、これがおもしろくないんですよ。記憶だけで書いたあらすじのほうが、はるかにおもしろくて、それに比べると、実際のあらすじは、なんともつまらないんです。肝心な魅力がぜんぶ抜け落ちてしまったような味気なさなんです。

どうしてそういうことになるかというと、ようするに、記憶による変化がおもしろかったわけですよね。記憶って、自分にとって大事なところが印象に残って、大事なことだから、自分なりに変化していくんですね。だから、非常にオリジナリティあふれるおもしろいものになるんですよね。

川野　それをもとに、新たに映画を作ったらいいじゃないですか。

頭木　本当にそう思うくらいです（笑）。ともかく、記憶っていうのは、それぐらいちがう。だからまあ、記憶と記録ですよね。記録はおもしろくない代わりに正確。記憶は不正確だけどおもしろい。

人間って、過去の積み重ねでできてるわけで、その過去の記憶が、自分によってある程度作り変えられているとしたら、もしかすると「自分」というのも、ひとつの創作物かもしれないですよね。

川野　そうも言えますね。

頭木　ええ。そう考えると、おもしろいなと思います。

だから川端康成が実体験の記憶にもとづいて小説を書いても、やっぱりそれは創作なんだと思いますね。

川野　記憶というのは、そのときの気分で左右されるっていう面もありますね。

頭木　そうですね。一説には、明るい気分のときには、明るい記憶の引き出しが開きやすくなり、暗い気分のときには、暗い記憶の引き出しが開きやすくなるそうです。

川野　やっぱり暗い記憶も残ってはいるんですね。消したと思っていても。記憶というのは、自分で操作することは、なかなかできませんね。

頭木　そうですね。だから、ひどく暗い気分のときに、過去を振り返ると、自分の人生は嫌なことばっかりだったと思えてきますね。逆に、明るい気分のときだと、いいことばっかりだったって思えたり。

まあ、どっちもあまり思い込んじゃいけないということでしょうね。他の引き出しも、本当はあるぞと。

川野　そういうことですね。

川端康成の絶望名言 3 ―「こうしたいけど、しなかった」はダメなことか？

なんとなく好きで、
その時は好きだとも
言わなかった人の方が、
いつまでもなつかしいのね。
忘れないのね。

（『雪国』新潮文庫）

川野　代表作でもあります『雪国』の一節で、雪深い温泉の街にやってきた旅行者の島村という男性に、芸者の駒子が語った言葉です。

頭木　これ、今の人が聞くと、ちょっと不思議な感じがするかもしれないと思うんです。今は、人を好きになったら、言わないままでいるよりは、ちゃんと告白して、たとえ振られても、気持ちを伝えたほうがいい、という考えの人が多いんじゃないでしょうか。言わないでずっと後悔するより、言って振られたほうがマシ。映画とかマンガでも、よくそういうシーンありますよね。告白して振られて、でも「好きってちゃんと言えてよかった」と、泣きながらも笑顔、みたいな。

だけど、私はそういうシーンを見ると、なんかちょっとちがうんじゃないかなとも思ってしまうんです。

川野　どうちがいますか。

頭木　うーん……。川端康成のこの言葉と同じような言葉が、山田太一脚本のNHKのテレビドラマ『友だち』にも出てくるんですけど。ちょっと読みますね。

これは年配の女性が、中年の男性に向かってアドバイスするんですけど。

「キャバレだのバーだの、いろんなとこで働いて来たけどね」
「性《しょう》の合ったお客さんで、最後まで行かなかった人ってのが一番なのよ」
「いいもんなのよ」
「行くとこまで行っちゃえば、それだけのことだけど」
「両方で、なんだか辛抱《しんぼう》しちゃったお客さんて、いまだにね、いい思い出」
「人間のつき合いの中でも、相当上等なつき合いじゃないかって思ってるの」

川野　うーん、なるほど。

頭木　これも川端康成の言葉に近いですよね。

川野　そうですね。言わないとか、辛抱するとか。

頭木　まあ、「やらないで後悔するより、やって後悔したほうがいい」っていうのは、たしかにひとつの真実だとは思うんです。前向きですばらしいですし。ただ、じゃあ、「好きだけど言わなかった」とか、「こうしたいけどしなかった」

とか、それがただダメなことなのかというと、それはまたちがうんじゃないかと。好きだけど言わないっていうのは、たんに勇気がないだけだったとしても、そこには、やはりそれなりの味があると思うんですよ。

言わないとか辛抱するとか、そういうのは今は、ただダメなことのように言われがちですけど、それはそれで味があるんじゃないかなと。

なんでも言って、なんでもやってっていうんじゃあ、かえってちょっと味気ないような気もするんです。

まあ実際ですね、みんな、前向きとか言っても、人生のほとんどは、本当は、辛抱したり、やらなかったり、言わなかったりしたことで、大半できてるんじゃないかとも思うんですよね。

川野　ああ、そうかもしれませんね。

頭木　たとえばですね、不倫したいのに、しないとか。本当は会社の上司を殴りたいとか、蒸発したいとかですね、あれやりたい、これやりたい、こう言いたい、いろいろあるのを、そうしないで生きてるわけじゃないですか。

川野　そうですよね。我慢して辛抱していますよね。

頭木　それが、ただつまらない、本当はやったほうがいい、というんじゃあ、あんまりですよね。

たとえば、不倫しないよりしたほうが、人生が経験豊かで楽しいのかっていうと、しなくて、ずっとひとりの相手と親密な関係を続けるっていうほうが豊かかもしれないし。上司殴ってすっきりしてね、そういう暴力を振るうような人間になって、それでいいのかっていえば、そういうわけじゃあ、もちろんないし。何かをじっと我慢し続けて抑えてきた結果、身につくものもありますしね。

ただつまらないってしちゃうのは、惜《お》しいんじゃないかなと思います。

川野　あえてしませんということが、この世の中にはたくさんありますね。

頭木　そのほうが、いい思い出になるっていうことも、川端康成が言うように、あるんじゃないかなと。

川野　さて、今回も頭木さんに「絶望音楽」を選んでいただいています。今日はどんな曲でしょうか。

頭木　宮城道雄作曲の「春の海」という純邦楽です。

川野　琴とヴァイオリンの共演ですね。

頭木　はい。琴の演奏は宮城道雄本人、ヴァイオリンの演奏はルネ・シュメーというフランス人の女性のヴァイオリニストです。

川野　どうしてこの曲を？

頭木　川端康成は、演奏会で、この宮城道雄とルネ・シュメーの共演を聴いて、とても感動したというふうに書いているんです（小説『化粧と口笛』およびエッセイ『純粋の声』）。

宮城道雄は、琴の演奏家で作曲家なんですけれども、七歳の時に失明してですね、ずっと目が見えなかった人なんです。

川野　川端康成のおじいさんも、目が見えなかったんですよね。

頭木　晩年はそうですね。

一方、ルネ・シュメーのほうは、若い頃、フランスの田舎の八マイル（約十三キロ）の道を、毎日、音楽教師のところまで歩いて通ったというぐらい、非常に元気な人で、そういう元気なフランス人女性が、痩《や》せた宮城道雄の手を引いて舞台に現れる。その姿もとても素敵だった、というふうに川端康成は書いています。

川野　そうですか。純邦楽を聴く人もずいぶん減ってしまいましたね。

頭木　それが私はとても残念なんです。と言いつつ、私もずっとそのよさを知らなかったんです。あるとき、知り合いにほとんど無理矢理に誘われて、尺八の名人ばかりがずらっと出演する演奏会に行ったんですが、そのとき、本当に素晴らしくて、感動して、それ以来、純邦楽の大ファンなんです。日本人なのに聴かないというのは、もったいないことだと思います。せっかく身近にあるわけですから。

川野　宮城道雄はエッセイも有名ですね。

頭木　そうですね。作家の内田百閒とも仲がいいんですよね。そのエッセイに書いてあるんですけど、宮城道雄はですね、目が見えないだけに、耳などの他の器官が敏感になったのか、見えなくてもいろんなことがわかる人だったんです。たとえば夏の暑い日に琴の稽古に来た人が、お師匠さんはどうせ目が見えないからっていうので、上を肌脱ぎになったりすると、たちまち気がついたらしいですね。服を着ているか、裸かで音の響きがちがうからなんでしょうね。だから、まさに耳の人だったわけです。

一方、川端康成は「目の作家」って言われますね。非常に視覚優位。観察力があるし、目で見たものを書くっていうのが非常に特徴的で。

日常生活でも、川端康成ってちょっとギョロッとした大きい目をしてるんですけど、あの目で若い芸者さんとか編集者さんとかをじーっと見つめ続けて、それで相手が泣いちゃったなんていうことも、何回もあったそうです。

そういう目の作家が、耳の演奏家に感動したっていうのは、ちょっとおもしろいように思うんですけどね。

川野　なるほどね。

川端康成の絶望名言 5 ——どんなに親しい相手でも秘密を持っている

なんの秘密もない親友なんていうのは
病的な発想で（中略）
秘密がないのは天国か地獄かの話で、
人間の世界のことじゃないよ。（中略）
なにも秘密のないところに友情はなりたたないよ。
友情ばかりじゃなく、
あらゆる人間感情はなりたたないね。

（『みずうみ』新潮文庫）

川野　小説『みずうみ』の一節です。
頭木　川野さんは、この言葉、どう思われますか？
川野　いや、本当にそうだなと思いますね。
頭木　ああ、やっぱりそう思われますか。秘密はあるものだと。
川野　うん。
頭木　一般的には、たとえば恋人同士なんかだと、秘密があると嫌がるし、なんでもしゃべってよっていうことになるし、家族でもそうですよね。奥さんとか旦那さんが秘密を持っていたら、なんで言ってくれなかったのっていうふうになるし、子どもでもそうですよね。子どもに秘密があったっていうのは、親はショックだったり。
　やっぱり「秘密はないほうがいい」っていう思いは、みんなどこかに、一方ではあると思うんです。
　でも、じゃあ本当にまったく秘密のない関係が成り立つのか、あるいはそれがいいのかっていうと、またそれも難しくて。むしろ親しい関係だからこそ、秘密が多くなるっていう面もありますよね。言いにくいこともできてくるっていう。

川野　親しいからこそということは、ありますね。

頭木　秘密を持つってしんどいものですよね。後ろ暗い気持ちにもなるし。でも一方で秘密があるからこそ、自分を保てたり、守れたり、なんとかやっていけるという、両面ありますよね。

こんな心理実験を、聞いたことがあるんです。親友同士っていう人達をたくさん集めてですね、お互いに相手のことをどれぐらい知っているかを調べたんですね。

そうすると、「相手がどんな行動を取るか」っていうことに関しては、すごくよくわかっていたわけです。まあ、そうですね。親友同士ですから、あいつはこういうとき、こういうことをするんだよっていう。それはよくわかっていたんですね。

でも、ここからがおもしろいんですけど、じゃあ「なぜそういうことをするのか？」っていう内面の気持ちは、ほとんどわかってなかったんですよ。というか、誤解していることがほとんどだったんですね。

ようするに、たとえ親友でもですね、「相手が何をするか」はわかっているけど、

「なぜそうするのか」ということはわかっていない、胸の内まではつかみきれていないんですね。

さびしい結果と言えばさびしい結果ですよね。親友でも、そんなにわかり合えていないのかっていう。

でも一方では、「あいつの考えてることなんか、このぐらいだろう」っていうタカをくくっても、それはちがうっていう、人間はもっともっと意外で思いがけないっていうおもしろさでもありますよね。

川野　なるほど。

頭木　だから、どんなに親しい相手でも、自分にはわからない内面があって、秘密がある。そういうちょっとたじろぎみたいなものが必要で、それがあるほうが、人間関係が味わい深くなるのかなとも思います。

川端康成の絶望名言 6

「自殺はよくない」と言っておいて自殺

いかに現世を厭離《えんり》するとも、
自殺はさとりの姿ではない。
いかに徳行《とっこう》高くとも、
自殺者は大聖《たいせい》の域《いき》に遠い。

（「末期《まつご》の眼」『川端康成随筆集』岩波文庫）

川野　随筆『末期の眼』の一節です。言葉が難しいですが、意味としては、「現実がどんなに嫌で離れたくても、自殺は真実の道ではない。どんなに素晴らしい行いをしていても、自殺した人は、すぐれた聖人とは言えない」というようなことです。

頭木　ようするに、「自殺はよくない」と言ってるわけですよね。

それがなぜ絶望名言かというと、川端康成は自殺しているからです。

川野　そうですね。七十二歳でガス自殺していますね。

頭木　川端康成は、他の作品でも、こういうふうに言ってるんです。

僕は生きている方に味方するね。
きっと人生だって、生きている方に味方するよ。

（「生きている方に」『反橋・しぐれ・たまゆら』講談社文芸文庫）

こういうことを言っておいてですね、自殺してしまったわけです。

自殺の理由については、いろいろ推測されていますが、本当のところはわかりません。それこそ「自殺しそう」っていうことはわかっても、「なぜ自殺したのか」は、誰にも本当の胸の内はわからないわけです。

もしかすると、こういうふうに自殺はよくないって言っていた川端康成ですから、自分でも自殺は意外だったかもしれないですね。

川野 自殺した当人が、意外だったということが、ありますか?

頭木 人間、そういうところがあるんじゃないでしょうか。自分でも思いがけないことをしてしまう。自分はそんなことしないと思っていたのに、してしまう。

自分に対しても他人に対しても、「こういうことをして、「こういうことをしない」というのは、ある程度わかっているわけですけれども、本当にずっとその範囲内だけで生きていくかというと、そうもいかなくて、はみ出してしまうこともあるんじゃないでしょうか。

いつか思いがけないことをしてしまうかもしれないっていう一種のおびえみたいなものは、やっぱり持っていたほうがいいんじゃないかなと思いますね。

川野 ああ、それはありますね。もしかしたら自分もしてしまうかもしれないというかすかな恐れみたいなものは、たしかに頭の片隅になくはないですね。

頭木　そうですよね。おもしろいのは、「私はどんなことがあっても、こういうことはしない」って言ってる人っていますよね。たとえば、「どんなときでも、いざというときでも、人を裏切らない」とか。でも、そういう人のほうが、意外と極限状況では裏切ったり。逆に、「自分はいざとなったら人を裏切るようなことをしてしまうかも……」と言ってる人が、意外と人を裏切らなかったり。そういうことってありますよね。

だから、「してしまうかも」っていうおびえを持っているほうが、かえって、しなくてすむ面もあるような気がします。

川野　そうかもしれませんね。

川端康成の絶望名言 7 ――自分の性質が歪《ゆが》んでいる

晴れ晴れと眼を上げて明るい山々を眺《なが》めた。
瞼《まぶた》の裏が微《かす》かに痛んだ。
二十歳の私は自分の性質が孤児根性で歪《ゆが》んでいると
厳しい反省を重ね、
その息苦しい憂鬱《ゆううつ》に堪《た》え切れないで
伊豆の旅に出て来ているのだった。
だから、世間尋常《じんじょう》の意味で自分がいい人に見えることは、
言いようなく有難《ありがた》いのだった。

（『伊豆の踊子』新潮文庫）

頭木　最後に川野さんが選んだ名言のご紹介をお願いします。

川野　はい。小説『伊豆の踊り子』の一節から取りました。どういう場面なのか少しご説明しますと、旅の途中、踊り子たちの会話が、主人公の学生の耳に入るんです。「あの学生さんって、とてもいい人よね」「本当にいい人よ」というような会話です。

それでありがたく思っているんですが、「孤児根性で歪んでいると厳しい反省を重ね」というふうに書いてあるんですよ。「その息苦しい憂鬱に堪え切れないで伊豆の旅に出て来ている」と。小説の主人公のことですけど、川端さんに重ねてですね、そこまで孤児根性で自分が歪んでいるというふうに川端さんは思っていたのかということに、私はびっくりしました。

頭木　『伊豆の踊り子』は、体験をほぼそのまま書いたと、川端康成当人が言っていますね。

先ほど、川端康成がじろじろ人を見るっていう話をしましたが、自分で『日向《ひなた》』（『掌の小説』新潮文庫）という作品の中で、こう書いているんです。

私には、傍《かたわ》らにいる人の顔をじろじろ見て大抵の者を参らせてしまう癖がある。（中略）そして、この癖を出している自分に気がつく度に、私は激しい自己嫌悪を感じる。幼い時二親《ふたおや》や家を失って他家に厄介になっていた頃に、私は人の顔色ばかり読んでいたのでなかろうか、それでこうなったのではなかろうかと、思うからである。

自分が孤児だったせいで、こういうふうになってしまったんじゃないかと、そういういろんな思いを抱えていたんですね。

でも、読むほうは、孤児じゃなくても、川端康成の小説に感動するわけですよね。それっていうのは、やっぱり、両親や兄弟姉妹が揃っていようとですね、子どもってどこかそういう気持ちが――川端康成は「孤児根性」という、すごい言い方をしていますが――あるんじゃないでしょうか。自分だけでは生きられない弱い存在として、この世にいるという、その心細さみたいなものが。

そういう、なんて言うんですかね。よるべなさみたいなものって、みんなの心の中に幼児体験としてあるんじゃないですかね。

川野　そうかもしれませんね。

頭木　私は父も母も幼い頃はいましたけれど、それでも、そういうよるべなさみたいなもの、すごくあるんですよ。自分でも不思議なんですけれど。

　映画とか小説でも、そういう孤児の出てくるものって、すごくせつないんですよ。たとえば『狩人の夜』とか『動くな、死ね、甦れ！』とか。子どもたちだけで、よるべなく追われていくみたいなのに、すごく感情移入してしまうんです。

　実際に孤児となった川端康成の気持ちは、いったいどれほどだったかと思います。とても想像がおよばないです。

川野　川端康成の絶望名言。作品が非常にたくさんあるだけに、なかなかとらえにくかったんですけれど、どうでしょう？　どういうところに魅力を感じますか？

頭木　ええ。私が川端康成に感じる魅力はですね――これはあくまで個人的な感想なんですけれど――「一貫性のなさ」なんですよね。

　一貫性のなさというと、なんだか悪口みたいですけれど、そうではなくてですね、たとえば先にも出てきたように、自殺は駄目と言っといて、自殺してしまうというような、人間らしい一貫性のなさですよね。

川野　ははあ。言うこととやることがちがうと。

頭木　人って、自分というものの一貫性を保とうとしますよね。「自分はこういう人間だ」っていうふうに思ったら、そういう人間であろうとするじゃないですか。たとえば、自分はやさしい人間なんだと思っていたら、やさしいことをして、冷たいことはしないようにしますよね。そうやって一貫性を保つ。

前に言ったことと、後で言ったことがちがわないようにしようとするし、矛盾しないように気をつけますよね。

でも川端康成は、そういう一貫性をあまり信じていないというか、重視していないというか、前に言ったことと後に言ったことがちがってもいいんじゃないかみたいなところがあるように思うんです。揺れ動いている感じが、すごくするんですよね。

本当は人間、かなり一貫性のない、ふらふらしたものだと思うんです。昨日はやさしくて、今日は冷たいなんていうことのほうが、むしろ本当だったりするわけじゃないですか。自然な気持ちとしては。昨日言ったことと、今日言ったことがちがっていたりするほうが、本当は当然だし、昨日好きだったものが、今日嫌いだったりするわけですよね。ずいぶんゆらゆらしているものだと思うんです。
　だけど、それじゃあ自分も辛いし、他人からもわかりにくい人間になってしまうから、なんとか一貫性を保とうと、がんばるわけですよね。そういうがんばりは、もちろん必要なことですし、立派なことでもあると思うんです。でも、本当は自分は絹ごし豆腐みたいなものなのに、レンガだのブロックだの、そんなものだと思っていると、それは逆にちょっと危《あや》ういと思うんですよね。

川野　ああ、それはわかりますね、うん。

頭木　絹ごしなんだ、ゆらゆらした自分なんだと思っていないと、逆に崩れちゃうというか。
　川端康成は、人を見つめ、自分もすごく見つめていた人だからこそ、ゆらゆらしているものとして人間をとらえていたんじゃないでしょうか。

川端康成　ブックガイド

『みずうみ』
川端康成
新潮文庫

美しい少女の後をつけてしまう男の話で、今だと「ストーカー小説」のひと言で片付けられてしまいそうですし、不快に感じる読者もいると思いますが、すごい作品です。

『眠れる美女』
川端康成
新潮文庫

『眠れる美女』『片腕』『散りぬるを』の3作が収録されていて、解説は三島由紀夫という贅沢な1冊です。『眠れる美女』『片腕』は川端康成の後期の珠玉の名作です。

『たんぽぽ』
川端康成
講談社文芸文庫

『眠れる美女』『片腕』の後に執筆され、自殺によって中断された川端康成の最後の連載小説。人の姿が見えなくなる「人体欠視症」という架空の病気が登場します。

『掌の小説』
川端康成
新潮文庫

美しいイメージの結晶のような短い作品が122編入っています。星新一が「とても書けない」と絶賛した『心中』という作品は、私の『絶望図書館』（ちくま文庫）にも収録しました。

第11回放送

絶望名言

ゴッホ

春なのだ、
しかし何と沢山《たくさん》な、
沢山な人々が悲しげに
歩いている事か。

（「テオへの手紙」『ファン・ゴッホの手紙』二見史郎・編訳　圀府寺司・訳　みすず書房）

川野　今回ご紹介するのは、ゴッホ。フィンセント・ファン・ゴッホです。

私は『夜のカフェテラス』という絵が好きなんですけれども、ひまわりとか、糸杉とか、さんさんと輝く太陽とか、そうした絵が目に浮かぶ方も多いのではないでしょうか。

頭木　ゴッホは日本ではとても人気が高くて、ゴッホ自身も日本贔屓《びいき》だったんです。もちろん日本に来たことはなくて、浮世絵とかを通じて、日本をすごく好きになって、理想の国みたいに思っていたんですね。だから日本とゴッホって、両思いみたいなところがあるんです。

ゴッホは、オランダ生まれの画家で、フランス、特に南仏でたくさんの名画を描いています。生まれたのは一八五三年の三月三〇日。一八五三年というと、日本に黒船が来た年です。有名な幕末の志士たちより、ゴッホのほうが年下ということですね。

川野　坂本竜馬より十七歳、年下ですね。

頭木　ゴッホは画家ですが、じつは画家として活動していた期間は、たった十年間なんですよ。短いんです。

画家っていうのは普通、小さい頃から絵のことしか考えられないみたいな人が多いじゃないですか。だけどゴッホの場合は、画家を目指し始めたのは二十七歳のときなんです。そうとう遅いですよね。

しかも、その頃のゴッホの手紙を読むと、『デッサン教本』を読んでデッサンの勉強をしていますとか、『木炭画の練習』という本を読んで木炭画を練習していますとか、まさに入門者なんです。しかも本を読んで勉強しているんです。その年でそこから？　という感じじゃないですか。

で、三十七歳で亡くなっているんで、十年間なんです。

それでこれほど有名な画家になったという人は、本当に珍しいと思うんですよね。

川野　ただ、生きている間は、絵がほとんど売れなかったと聞いていますけれど。

頭木　そうですね。一点しか売れなかったというのが伝説になっていますけれど、本当はもう少し売れたみたいです。でもまあ、ほぼ売れなかったという状態ですね。

それでどうやって生活していたのかというと、テオという弟がいて、彼が画商をしていたんですね。じゃあ、それで兄の絵を売っていたかというと、やっぱりそれでも売れなくて。テオは自分の給料の中から仕送りをしていたんですね。だから、ゴッホはずっと弟から仕送りをしてもらって暮らしていたわけです。
　絵が評価され始めるのは、ゴッホが亡くなって、さらに弟のテオも亡くなって、その後なんです。

川野　ゴッホはもちろん画家として有名なんですけれども、たくさんの手紙が残っていて、それも有名なんですね。

頭木　ええ。手紙をとてもたくさん書いているんです。とくに弟のテオへの手紙が多いんですけど、他の人の手紙も合わせると、確認されているだけでも八百通以上。だから書簡集ってかなり分厚いのが何巻もあったりするんです。
　書簡集を出版したのは、テオの奥さんです。ゴッホもテオも亡くなった後のことです。じつはですね、ゴッホが世界的に有名になっていったのは、まずこの書簡集がすごく評判になったということが大きいんです。それだけ手紙がおもしろいわけです。

川野　冒頭の名言は、その弟テオへの手紙からですね。これは評論家の小林秀雄の翻訳です。

「春なのだ、しかし何と沢山《たくさん》な、沢山な人々が悲しげに歩いている事か」

頭木　これ、ちょっと聞くと、まあなんて暗い言葉なんだって思うだけかもしれないんですけど、私はこれ、すごい言葉だと思うんです。

というのも、この手紙を書いた時期のゴッホって、とても悲しい状況だったんです。まだわりと若い時期で、初期の名作『ジャガイモを食べる人々』を描いた後ぐらいなんです。一生、絵が売れなかったですから、当然このときも売れていなくて、非常に貧しい状態で、弟のテオが送ってくれるお金は、画材を買わなきゃいけないですし、あとモデルを使う場合はモデル料もいるわけですね。それでずいぶんお金がかかるので、その分、食費を切り詰めて、そのせいで体が衰弱して、歯が欠けたりとかしていたような時期なんです。

そういう、自分がすごくうまくいっていないときって、道を歩いている他の人達を見ると、「自分はこんなに不幸なのに、この人達はなんて楽しそうに幸せそうに歩いているだろう」とか、そんなふうに見えるものじゃないですか。

私自身の経験でも、難病になって病院に入っているとき、窓から外の道を歩く人達を見ていると、まあみんな元気で幸せそうで、正直、妬《ねた》ましかったです。

川野　そういうことありますよね。自分が不幸なときは、他の人達が幸せそうに見えるということが。

頭木　ええ。今はさすがにそういうことはないですが、病気になった当初っていうのは、やっぱり、みんなは楽しそうになんかいい感じで歩いているのに、こっちは不幸で、こんなところにいてって。そう見えるのが、うまくいっていない人の正直な気持ちだと思うんですよね。

川野　ただゴッホはそうではなくて、自分もそうかもしれないけれども、他の人が悲しいであろうことにも目を向ける。そういうことなんですね。

頭木　そうなんですよ。自分が悲しい状況のときに、他の人達の悲しい姿っていうのも、ちゃんと目に入っているわけなんです。

それだけ日頃から、自分のことだけでなく、他の人の悲しみというものにも、共感がすごくあるということですよね。

ゴッホは、二十五歳の頃に伝道師になろうとしたこともあるんです。そのために修行していたんです。ところが、熱心過ぎるんですね。熱心なのはいいことじゃないかと思うかもしれないですけど、たとえば服を与えられても、貧しい人がいるとその服を全部あげちゃうんですね。それで自分は裸同然で歩いたりして。持っているものは、なんでも貧しい人にあげて献身的に尽くし、自分は藁《わら》の上で寝たりするわけです。それで、いくらなんでもやり過ぎだっていうので追い出されちゃうんですね。

川野　熱心で追い出されるというのは、理不尽ですね。

頭木　これはゴッホの生涯を通じていちばん目立つ特徴なんですけど、常に「熱心過ぎてうまくいかない」ということがあるんですね。

ゴッホというと「炎の作家」という言葉が有名で、小林秀雄は「いつも沸騰《ふっとう》している精神」というふうに表現しているんですけれど、これはすごくぴったりなんじゃないかなと思いますね。いつも精神が沸騰しているんですよね。そのせいで、何をやってもうまくいかないし、他の人とも熱度がちがってうまくいかないという。それがすごくゴッホの特徴ですね。

ゴッホの絶望名言 2 ― 不本意ののらくら者

怠惰と性格の無気力、本性の下劣さなどからくるのらくら者がいる。
君が僕をその手の人間だと判断したければ、したらいい。
他方、それと違うのらくら者、
不本意の、のらくら者がいる。
こちらは心のなかでは活動への大きな欲求にさいなまれながらも、
何もしていない。
それは彼が何一つすることが不可能な状態にあるからだ。

（テオへの手紙）

川野　今回、私が選んだ言葉は、これです。

頭木　「のらくら者」を二種類に分けているのが、おもしろいですよね。いわゆる「のらくら者」と「不本意なのらくら者」と。

川野　「不本意なのらくら者」の気持ちも、なんとなくわかります。自分は動きたいとか、自分は内に秘めたるものはあるんだけれども、でもできない。

頭木　まあ、入院なんかしていると、六人部屋にいるみんなが、いわば「不本意なのらくら者」ですよね。ベッドでごろごろしているわけですから。本当は誰もごろごろしたくないというね。

病気だけに限らず、やっぱり社会の中でそうなっちゃうことがあるわけですよね。

ゴッホの場合、テオが一時期、兄がのらくらしているのを少し責めたこともあったんです。かわいそうですが、それも無理がない面もあって。ゴッホって中学校を中退してるんですよ。でも勉強ができなかったわけじゃないんですね。英語、フランス語、ドイツ語とか使いこなしていますし、手紙を読んでも、すごく文学性が高いですし。じゃあ家が貧乏で行けなかったかというと、そんなこともなくて、親はちゃんと大学まで行かす気だったんです。それなのに自分で中学校で中退しちゃってるんです。

それで職がなくて困っているときに、中学中退も響くわけで、テオが「大学まで行けたのに、なんで行かなかったんですか」とちょっと言ってしまうんですね。

川野　それは言いたくなりますよね。

頭木　まあ、性格的な問題で、おそらく学校が合わなかったんでしょうけどね。

川野　いろいろ親戚筋を頼って、ロンドンへ行って画廊で働いたりとか、いろんなことをしていますよね。でも、けっきょくはうまくいかなかったわけですね。

頭木　そういう意味じゃあ「のらくら者」と言われてもしょうがないところもあるわけですが、ただ、ゴッホにしてみれば、性格的に合わないというのも、本当に合わなきゃどうしようもないですしね。決してだらだらしたいわけじゃないと。沸騰《ふっとう》している人ですからね。本当はどんどんやりたいわけなんでしょうね。だけど、やらせてもらえなかったりもするわけで。

川野　自分自身も、もどかしいという気持ちがあるでしょうしね。

そのことについて、同じ手紙の後半に書いてあるのが、次の名言です。

ゴッホの絶望名言 3 ― 得体の知れない悩み

人は往《おう》々《おう》にしてなんとも得体の知れぬ恐ろしい籠《かご》、実に、実に恐ろしい檻《おり》のなかの囚《しゅう》人《じん》となって何もできない手詰まり状態におかれてしまう。（中略）

われわれを閉じ込めるものが何か、壁の中に囲い込むものが何か、
埋葬してしまうらしいものが何か、
人は必ずしもそれを言うことができない。が、それでも
何か得体の知れぬ柵を、格子を、壁を感じとってはいる（中略）
そこで人は自問する、ああ、こんなことが長く続くのか、
いつまでも、永久にこうなのか。

（テオへの手紙）

頭木　檻《おり》とか籠《かご》とか、そういうものの中に入れられて、自分ではどうしようもないと言っているわけですが、その檻とか籠とかは、言葉で表すことができない、得体の知れぬものだと。たしかにあるんだけど、表現できないと。

私なんかの場合だと、病気で外へ出られなかったわけで、檻や籠の正体は「病気」だと、はっきりしていますね。でも、そうじゃない人もいますよね。他の人から見たら、なんで檻や籠から出ないのかわからない。当人には理由があるんだけど、じゃあ言ってみろと言われると、うまく説明できない。じゃあ、檻も籠もないんじゃないのってなったりするわけですけど。

でも、「言葉にできない」っていうことは、あると思うんです。昔、あるエリートの人と話しているときに、私がちょっと、「でも悩みって、自分で何を悩んでいるかわからないこともありますよね」って言ったんですよ。そしたら、エリートの人に、大笑いされましてね。「自分で自分が何に悩んでいるかわからないなんていうことはありえないでしょ」っておっしゃって。「悩みっていうのは、出世できないとか、不倫してるとか、はっきりしてるもんですよ」とおっしゃって。言葉にできないなんてことは、まったく受け付けない感じでした。まあ、そんなだからこそ、エリート街道を順調に歩いておられるんでしょうね。

でも、悩みというのは普通、かなり正体不明なんじゃないかと思うんですよ。私なんかは、はっきりしています。病気で悩んでいると。だけど、そんなふうにはっきり言葉で言えない悩みがあるっていうのも、やっぱり感じるんですよね。

あと、はっきりした悩みだと思っていても、その周りには言葉にならないものが取り巻いているんじゃないかなと。

たとえば恋愛で悩んでいるとしますよね。そしたらはっきりしていますけど、でも、その中で、よく考えると本当は相手のことをそんなに好きじゃなかったりとか、そうすると自分はいったいなんで悩んでいたんだろうとか、わからなくなっちゃうこともあると思うんです。

あと、なんだか悩んでいるんだけど、でもいったい何について悩んでいるんだろうっていろいろ考えても、思い当たることがよくわからないとか。

川野　でも、言葉にできないと、他の人にわかってもらえなくて困りますね。

頭木　そうなんですよね。たとえば会社なんかでも、あるプロジェクトに問題があるとか、困ったことがあるとしてですね。それは当然、言語化を求められますよね。さらに言えば、数値化を求められますよね。
それができないと、能力がないと見なされたり、その問題を無視されたり。
なんとも言えないもやもやしたものなんていうのは、それこそ煙たがられますよね。

川野　それは会社の経営とかですね、そういうことであったら、わかります。だけど人間という面でとらえると、もやもやとしたもの、正体がはっきりしないもの、何が悩みだかわからないもの、それのほうが普通じゃないですか。

頭木　でも、なかなかそうは対応できないんじゃないですか。たとえば子どもが遅く帰ってきて、なんか態度がおかしいと。親は追及しますよね。どうしたんだって。はっきり何かある場合もあるでしょうけど、はっきりしない場合もあるじゃないですか。そしたら、なんで言わないんだみたいなね。「なんとなく」とか言っても、「なんとなくで、どうしてこんなに遅くなるんだ」ってケンカになったりしませんか?

川野　ははは。私が言いそうです。

頭木　やっぱり言葉にできないものって、それだけで攻撃されてしまうというか、そういうところがあると思うんですよね。

川野　攻撃はされるかもしれませんね。

頭木　ゴッホだって、自分は檻《おり》の中にいて何もできないんだと言って、「じゃあ、その檻って何なの?」って問われたら、「いや、それはなんとも正体がわからない。言語化できない」って答えるわけじゃないですか。そうしたら「ふざけるな!」って怒る人もいますよね。「そんな檻はないんじゃないか」って疑う人もいるはずですし。「気のせいだよ」ってなぐさめる人もいるでしょう。

でも、そうじゃないこともありますよね。たしかに檻があることも。

川野　ゴッホは沸騰《ふっとう》していますから、あっちへぶつかり、こっちへぶつかり。まあ、この辺でいいかっていうふうには納めることのできない人ですね。

頭木　ええ。ぶつかり方も激しいですから、それだけ檻を感じますよね。

川野　こんなふうにゴッホも言っています。一部省略して読みますね。

籠《かご》の鳥も春が来ると、自分が役立つはずの何かがあると強く感ずる。何かやるべきことがあると強く感ずるが、それをやることはできない。

何なのかそれは。どうもよく思い出せない。（中略）
そして頭を籠の格子《こうし》にぶつける。
でも、籠はびくともせず、鳥は苦悩で頭が変になる。

（テオへの手紙）

頭木　いやぁ、いい表現ですよね。もう詩のようなね。なかなかこういう比喩とかも、うまいですよね、ゴッホは。

川野　さて、今回も頭木さんに、「絶望音楽」を選んでいただいています。

頭木　アメリカのシンガーソングライター、ドン・マクリーンが、ゴッホの伝記を読んで感動して、ゴッホに捧げる曲を書いているんです。タイトルはずばり「ヴィンセント」です。フィンセントを英語読みするとヴィンセントなので。

歌詞はゴッホに呼びかけるようなかたちで、「あなたがいかに苦しんだか」とか、「いかに努力したか」とか、あと「あなたはすばらしい人だからこそ、世の中に合わなかった」とか、そういうことを歌っています。

二〇一七年に公開された映画で『ゴッホ　最後の手紙』というのがありました。全編が油絵で描かれたアニメーションという画期的な映画で、世界中の画家が制作に協力したのですが、日本からもおひとり、古賀陽子さんが参加しておられます。その『ゴッホ　最後の手紙』の主題歌は、この「ヴィンセント」のカバー曲です。聴き比べてみるのもおもしろいかと思います。

ゴッホの絶望名言 **5**

不幸は当人の責任以上に大きくなる

僕はとても憂鬱な気持で
よくあの女と子供たちのことを考える、
なんとか暮らしてゆけたらいいのだが。
それは彼女自身の責任だ、と人は言えよう。
たしかにそうではあろう。
ただ、彼女の不幸は彼女の責任を越えて
大きくなるのではないかと僕は心配している。

（テオへの手紙）

頭木　ゴッホが三十歳のときの手紙です。

この言葉は、ちょっと事情を説明しないとよくわからないんですけれども、「あの女」と言っているのは、ゴッホが真剣に結婚を考えた女性のことなんです。

ゴッホは手紙で彼女のことを「娼婦」と書いています。子どもがいて、さらに妊娠中でした。もちろん、ゴッホの子どもではありません。出会ったときには、そういう状態でした。若くもなく、母親の面倒もみていて、どうしようもなくなっていたんですね、この女性は。

そんな彼女に会って、ゴッホは放っておけなくなったわけです。

でも、周囲からは結婚を反対されて、「たちのよくない女性に騙されている」というふうに説得されるんです。

ゴッホも、彼女に問題があることはわかっていました。彼女には自業自得なところもあったわけです。でも、ゴッホはこう言うんです。

「彼女の不幸は彼女の責任を越えて大きくなるのではないか」

この言葉は、もうほんと、すばらしいと思うんです！

普通、当人のせいだったりすると、たいていの人は自己責任とか自業自得とか言って、見捨てるじゃないですか。

たとえば不摂生のせいで病気になった人には、もう自業自得だから、そんな医療費の面倒をみる必要はないとか言った人がいますよね。

でも、もし仮に100%不摂生のせいで病気になったとしてもですよ、完全に自業自得だったとしてもですよ、でも病気の苦しみって、不摂生したということに比べて、あまりにも大きすぎませんか？

川野　まあ、それはそうでしょうね。

頭木　だから、当人の責任よりはるかに大きな不幸って、やってきたりするわけですよ。それを自業自得とか自己責任ですませるというのは、やっぱりおかしなことだと思うんです。大きすぎますからね。

それをちゃんとゴッホは感じているんです。この女性はたしかに問題のある女性だと。でも彼女が抱えてしまった不幸は、いくら自業自得でも、彼女の責任よりもっと大きいと。だから助けるんだ、というわけなんです。

周囲が本当に強烈に引き裂こうとして、けっきょく別れることにはなるんですけれど、ゴッホは彼女が子どもを出産して落ち着くまで、ちゃんと見届けています。

安産にならなくて、手術になったりして大変だったんですね。ゴッホがいなかったら、どうなっていたのかなと思います。

ゴッホが出してあげたお金というのは、弟のテオから来ているので、そこはあれなんですけれど、でも本当にそういうやさしさが出ていますよね、これは。

助けを求めようもない状態に追い込まれる

僕の判断する限りでは、
世間には、僕の様に何事も思う様に行かず、
働き通した末、
何処に助けを求めようもない状態に
追い込まれる人々が他にもいるのだ。

（ゴーギャンへの手紙）

川野　画家ゴーギャンに宛てて書かれた手紙の一節で、小林秀雄の訳です。

頭木　どこにも助けを求めようもない状態に追い込まれる人達がいるというのは、普通は気づきにくいですよね。なにしろ、助けを求めていないわけですから、気づけないですよね。ゴッホの場合は、自分もそういう状況に追い込まれたから、気づけるわけですが。

私は電車とかに乗っていて、よく感じるんですけど、電車に乗っている人も、外を歩いている人も、仕事中という人がたくさんいますよね。みんな、なんか仕事を持っていて、みんなそれぞれ収入があるわけです。いや、すごいなあと思って。あと、ふと外を見ると、おばあさんが大きい荷物、買い物袋を抱えて歩いていたりするわけですよ。大変だなあと思うけど、でもまだ荷物を持てるお年寄りなわけですよね。当然、そんな重いものは持てないお年寄りもいるし、そもそも歩けないお年寄りもいるはずです。

つまり、見えている人達って、なんとかやってる人達なんですよね。収入はあるし、動けているし、物が持てるし。

そういうことができない人達って、それこそ出歩いていなかったりして、目に見えないですよね。だから、あたかも、存在しないかのように、忘れられてしまう。

　私もそういう、目に見えない人達のひとりでした。だから、目が届かないところにいるようになってしまった人達というのが、いつもとても気になるんです。

　助けを求めるにも、力がいりますからね。「助けて」といえる人間関係とか、相談する体力とか、助けを求めるための交通費、通信費などのお金とか。そういう「助けを求めようもない状態に追い込まれる人々」が、見えなくても、たしかにいるわけです。

　そういう人達の存在を、ちゃんとゴッホは感じとっているというのが、この言葉のすごく好きなところです。

川野　ゴッホ自身も、「何事も思う様に行かず、働き通した末、何処《どこ》に助けを求めようもない状態に追い込まれ」ていたんですね？

頭木　そうですね。なにしろ、いくら描いても、絵が売れないですから。それをこんなふうに手紙に書いています。どちらも小林秀雄の訳です。

未だ、突然どう仕様もなく意気銷沈《いきしょうちん》して了《しま》う事がよくある、恐ろしいくらいだ。（中略）

沢山《たくさん》金をかけ、こうして絵を描いていて、原稿代も入って来ない、一文も入って来ない、という事が、いよいよ馬鹿げた、全く理屈に合わぬ様に思われて来る。

僕ほど不幸な男はないと感ずる。

この年になって他の事を始める事も出来ないし、困った事である。

（テオへの手紙）

絵で生計が立てられるようになったら、どんなに幸せかと思いますよ。あんなに沢山油絵をかきデッサンをやり、而《しか》も一枚も売れなかったと考えると実に情けなくなる。

（妹ヨハンナへの手紙）


ゴッホは十年間しか絵を描いてないと言いましたけど、その十年間に二千点もの絵を描いているんですね。それだけ一所懸命にがんばっても、まったく売れない。弟が画商なのに、それでも売れない。

　これ苦しいですよね。どうしようもなくなってしまう。努力しても努力しても、まるで好転しない。弟の負担になっているんじゃないかという不安も感じていますし、実際、弟のテオも大変な負担でした。

　もし弟がいなかったら、ゴッホはどうやって暮らしていったか、見当もつかないですよね。ゴッホの絵と暮らしは、テオのような弟がいたという奇跡に支えられているわけです。当然、世の中には、こういう弟がいない、ゴッホみたいな人もいたはずですよね。それを考えると、こわいですね……。

川野　ゴッホは、そういう人生に行き詰まりを感じて、ついに自殺してしまったんでしょうか？

頭木　そうですね。ただ、最近、「自殺ではなかったかもしれない」とも言われているんです。

　自殺でなければ何なのかというと、他殺ではないかということなんです。

　これはすごく新しい説で、二〇一一年に初めて発表されたんですけれども、ピューリッツァー賞を受賞した二人の作家が、約三十年もかけて書いた『ファン・ゴッホの生涯』っていう非常に分厚い本の中に出てきます。さまざまな調査や検証を重ねた上での、衝撃的な「他殺説」です。

そもそもゴッホの自殺って、不可解な点が多かったんです。それはずっと前から指摘されていたんです。なんか不思議なところがいっぱいあると。

川野　ピストル自殺というふうに聞いていますけれども。

頭木　ええ、そうなんです。そのピストルの出所も、いろいろ不可解な点があるんですが、なにより、自分で撃ったにしては、ちょっと角度がおかしいんですね。

それに、当時のピストルで至近距離から撃つと、黒いすすが傷口や手につくはずなのに、それがまったくついていなかったんですね。

しかも、使ったピストルは消え失せているんです。

さらに、絵を描きに出かけていたわけで、キャンバスとか絵の具とかイーゼルとか、いろんな画材を持っていたんです。それも消え失せているんです。ゴッホが自分で片付けられるはずはありません。じゃあ、それはどこへ行っちゃったんだと。

だから、自殺と言われているときから、いろんな謎はあったんです。そういう謎が、この他殺説だとすべて、「ああそうだったのか！」と納得がいくんです。ですから、あくまでまだ説なんですけど、かなり有力な説と言えます。

川野　もし他殺だとすると、誰がゴッホを撃ったんでしょう？

頭木　この本で示されている説としては、当時ゴッホをいじめていた村の十六歳の少年がいたんですね。今でもいますよね、ホームレスとか、弱い大人をいじめて喜ぶ若者が。そういう若者が何人かいたんですが、そのうちの一人は、ピストルを持っていたんです。それははっきりしているんです。彼が、おそらく撃とうとして撃ったわけじゃなく、からかっているうちに銃が暴発してゴッホに当たってしまったんじゃないかというのが、この新しい説なんです。かなり決定的な証拠があります。

人に撃たれたんだとすると、ゴッホが自分で部屋まで戻って、治療を求めたというのも納得がいきますよね。

川野　でも、ゴッホは自分で撃ったと言ったんですよね、たしか。

頭木　そうです。だから自殺と思われていたわけです。

もし人から撃たれたのなら、ゴッホはなんでそんなふうに言ったのか。他殺説だと、今度はそういう謎が、大きい謎として出てきますよね。

ただ、これまで見てきたように、ゴッホの人柄を考えるとですね、少年が撃ったわけでしょう。未来がありますよね。そういう少年をかばって、自分が撃ったことにしたというふうに考えても、すごく納得がいくわけです。

ゴッホは調べに来た警官に、「誰も責めないでください。自分を殺したかったのは僕なんです」という言い方をしているんです。これも自殺と考えると、ちょっと変な言い方ですよね。でも、誰かをかばっているとすると、思わず出た言葉として自然ですよね。

他殺というのはショックですが、もしそうだったとしたら、自分をいじめた少年までかばって、自殺したことにして死んでいったというのは、非常にゴッホらしいなと思います。

もちろん昔のことなので、本当に他殺だったのか、他殺だとしても誰が撃ったのか、あるいはやっぱり自殺だったのか、これはもう本当のところはわかりません。ただ、非常に有力な新説が出て、興味深いと思います。

川野　弟のテオは、兄のゴッホの死にショックを受けて、半年後に亡くなっているんですね。

頭木　今では、二人のお墓は、フランスのオーヴェル＝シュル＝オワーズという村の高台の小麦畑を見晴らす場所に、並んで建っているそうです。

絵を描くのは（中略）
悲しみに傷ついた心に
慰めを与える芸術を作ることです！

（ゴーギャンへの手紙）

頭木　ここに書かれている「悲しみに傷ついた心に慰めを与える」。これこそ、ゴッホが生涯を通じて目指していたことじゃないかと思うんです。

ゴッホはこんなふうにも言ってるんです。

芸術のなかにはなんと多くの美しいものがあることか。
人が見たものを記憶にとどめておくことができるかぎり、
けっして空《むな》しいとか本当に孤独だとかいうことはない、
けっしてひとりぼっちにはならない。

（テオへの手紙）

これは明るいことを言っているようですが、ようするに、一人ぼっちで、空しくて、孤独な人がいて、でも芸術を見れば心が慰められるということを言っているわけですよね。そのための芸術を作るというのが、自分にとって絵を描くことだと。

それがゴッホの目指したことじゃないかと思いますし、ゴッホの魅力はそういうところにあるんだと思います。

川野　以前にベートーヴェンをご紹介しましたが、ベートーヴェンはこんなふうに言っていました。

「哀れな悩める人達の役に立ちたいという私の熱意は、これまでずっと、少しも薄らいだことはない」

ベートーヴェンとゴッホ、似ているところがありますね。

頭木　そうですね。ただベートーヴェンのほうは、もともと音楽家を目指していて、音楽をやっていく中で、こういう気持ちにだんだんなっていったわけですね。ゴッホの場合は逆に、まず先に、悲しみに傷ついた人達を助けたいという気持ちがあって、伝道師になろうとしたり、いろいろやった末に、絵を描くということに行き着くわけですよね。

同じ境地にたどりついているんですけれど、コースが逆なんですね。

芸術から入った人、人を助けたいという気持ちから入った人。その両者が、芸術というのは悲しみに傷ついた心を慰めることができるんだという境地に、別ルートからたどり着いて、名作を作る。そこがおもしろいですよね。

もしかするとゴッホは、画家にならなくても、別の形でも、悲しみに傷ついた人達を助けられれば、それで満足していたのかもしれません。だから、もしかしたら今だったら、たとえば介護士になるとかですね、そういうことでもすごく満足した幸せな人生を生きたかもしれないですね。

幼い頃から絵だけに夢中になって描くというような芸術家も魅力的ですけど、こういうふうに悲しみに傷ついた人達を助けたいという気持ちで、だから絵を描くというゴッホも、また魅力的だと思うんです。そういう魅力が、やっぱりゴッホの絵にはあふれていると思います。

川野　古今東西の名作から、絶望に寄り添う言葉をご紹介する「絶望名言」。今日はゴッホの絶望名言をご紹介しました。

番組の中で翻訳者名を申し上げなかった名言に関しては、すべて二見史郎と圀《こ》府寺司《うでらつかさ》の翻訳でご紹介いたしました。

解説、名言の選定は、文学紹介者の頭木弘樹さん。お相手は川野一宇でした。

ゴッホ　ブックガイド

『小林秀雄全作品〈20〉ゴッホの手紙』

小林秀雄 著
新潮社

もう昔の本だから、と思っていたのですが、今でも最高のゴッホ本。評論というより、ゴッホの手紙選集。セレクトも訳もさすが。ゴッホの手紙の魅力を知るのに最適。

『ファン・ゴッホの手紙【新装版】』

二見史郎 編訳、圀府寺司 訳
みすず書房

ゴッホの手紙には何種類か抄訳がありますが、これは削除・省略・伏せ字が開示された新しいオランダ語版の新訳。若い頃からの手紙が入っているのも嬉しいところ。

『ゴッホの耳　天才画家 最大の謎』

バーナデット・マーフィー 著
早川書房

研究者ではない一般女性が、ゴッホが耳を切った事件の真相を追う。まるで退職した刑事が未解決事件の真相を追うよう。その捜査法がすごくて、面白さに驚かされた本。

『ファン・ゴッホの生涯』

スティーヴン・ネイフ、グレゴリー・ホワイト・スミス 著
国書刊行会

ゴッホの伝記と言えばこれ。ピューリッツァー賞受賞コンビが約30年かけて書いた、最新の研究調査に基づく決定版。上下巻で、他殺説の詳細は下巻に書いてあります。

宮沢賢治

第12回放送

絶望名言

宮沢賢治の絶望名言 1 ―― 他の人のようにうまく生きられない

私のやうなものは、
これから沢山《たくさん》できます。
私よりもつともつと何でもできる人が、
私よりもっともつと立派にもつと美しく、
仕事をしたり笑つたりして行くのですから。

（「グスコーブドリの伝記」『宮沢賢治全集 8』ちくま文庫）

川野　今回ご紹介するのは、宮沢賢治の絶望名言です。『銀河鉄道の夜』とか『風の又三郎』とか、あるいは『注文の多い料理店』とか、たくさんの童話でよく知られています。また、「雨ニモマケズ　風ニモマケズ」という詩も有名です。

大変熱心なファンの方も多いのですが、頭木さんも、この宮沢賢治のファンのお一人ということになりますか？

頭木　じつは私は少し前まで、ぜんぜん読んだことがなくて……。

読んだきっかけは、『絶望名人カフカの人生論』という本を出したときに、それを読んだ方から、「カフカは宮沢賢治とすごく似ていますね」という反響をかなりたくさんいただいたんです。宮沢賢治の愛読者の方や、宮沢賢治について大学で教えておられる先生や、岩手の『ＳＬ銀河』の企画にかかわっている方もおられました。

川野　ほう、そうですか。

頭木　それで実際読んでみたら、似てるんですね、これが。

たとえば、お父さんが仕事で成功していて、でもそれに反発を感じていたところ。お父さんから強制された仕事を、とても嫌がっていたこと。

妹をとても愛しているところ。
ベジタリアン、菜食主義ということ。
生涯独身で、子どももいないということ。
生前は無名に近く、サラリーマンもしていたということ。
若くして結核で亡くなったということ。
亡くなるときに、自分の原稿をすべて処分するように遺言したこと。
それでも死後にがんばって紹介してくれた人がいて、とても有名になったこと。
他にもいろいろあります。

川野　なるほど。そうやって比べて見ると、たくさん共通点がありますね。
ただ、作品のほうはどうでしょう？　宮沢賢治といえば童話がたくさんあります。なにか夢を与えてくれたり、ファンタジーを広げてくれたりするようなイメージが強いじゃないですか。そんな宮沢賢治に、絶望名言があるんでしょうか？

頭木　八つ年下の弟の清六さんが、兄の宮沢賢治についてこう書いておられます。

表面陽気に見えながらも、実は何とも言えないほど哀しいものを内に持っていたと思うのである

（宮沢清六『兄のトランク』ちくま文庫）

たとえば、宮沢賢治はイーハトーブを舞台に、いろんな童話を書いていますよね。イーハトーブというのは地名で、実際にはどこにもないわけですけど、宮沢賢治の理想の世界ですね。ドリームランドみたいな。

そのイーハトーブについて、宮沢賢治自身がこんなふうに説明しているんです。

そこでは、あらゆることが可能である。人は一瞬にして氷雲《ひょううん》の上に飛躍し大循環《だいじゅんかん》の風を従《したが》えて北に旅することもあれば、赤い花杯《はなさかずき》の下を行く蟻《あり》と語ることもできる。

罪や、かなしみでさえそこでは聖《きよ》くきれいにかがやいている。

（『注文の多い料理店』新刊案内　『注文の多い料理店』角川文庫）

理想郷、ドリームランドなのに、罪やかなしみがないわけじゃなくて、あるんですね。だけど、「罪や、かなしみでさえそこでは聖《きよ》くきれいにかがやいている」と。これが宮沢賢治の作品の特徴なんじゃないでしょうか。

川野 なるほど。最初にご紹介した宮沢賢治の言葉は『グスコーブドリの伝記』という童話の一節で、この物語もイーハトーブが舞台ですね。

頭木 作品の中の言葉ですけど、宮沢賢治自身にもこういう気持ちがあったんじゃないでしょうか。つまり、自分は人のようにうまく生きられず、立派でもなく、美しくもなく、仕事もうまくいかず、ちゃんと笑えていなかったんじゃないかと。

こういう気持ちは誰の心の中にも多少なりともあると思います。自分にとって自分って、どうしたって特別じゃないですか。かけがえがないですよね。世の中も自分中心に見るしかないわけで。でも、客観的に考えれば、じつにとるにたりない存在で、いてもいなくてもいいんだという。それを実感してしまって、茫然《ぼうぜん》とした気持ちになることもありますよね。

「お前たちは何をしてゐるか。
（中略）
やめてしまへ。えい。解散を命ずる」
かうして事務所は廃止になりました。
ぼくは半分獅子に同感です。

（「猫の事務所」『宮沢賢治全集 8』ちくま文庫）

川野　これは宮沢賢治の寓話『猫の事務所』の最後のところですね。

頭木　ここだけだと意味不明ですね。簡単にあらすじを説明させてください。

この『猫の事務所』という童話では、本当に猫たちが事務所をやっているんです。黒猫の事務長さんがいて、その下に一番から四番まで書記がいて、ぜんぶ猫です。

その四番目の書記が、かま猫なんです。かま猫というのは、夜、かまどの中に入って寝る癖があるんです。かまどというのは、昔、台所にあって、食べ物を煮炊きしたものです。夜になっても、まだ少しあったかいんですね。昼間、煮炊きしているんで。だからポカポカ眠れるわけです。

でも、かまどの中は煤《すす》だらけですから、いつも身体が黒く汚れてしまいます。かま猫だって、汚れたくはないんですが、夏に生まれて、皮膚が薄く、寒がりなんで、どうしてもかまどの中で寝るしかないんですね。

そんな薄汚れた猫は、本当は書記にはなれないんです。でも、優秀だったのと、トップの事務長さんが黒猫なので、黒く汚れている猫に寛大だったんですね。

これが他の3匹の書記には気に入りません。ことあるごとに、かま猫に冷たくあたり、いやがらせをします。落とした弁当をかま猫が拾ってくれたのに、「落とした弁当を食べろっていうのか」と怒ったりします。

それでも、事務長の黒猫だけは、かま猫をかばってくれました。それでなんとか、かま猫もがんばっていました。

ところが、ある日、かま猫は、ひどいカゼにかかって、事務所を休んでしまいます。その間に、3匹の書記たちが、あることないこと事務長の黒猫に吹き込んでしまいます。黒猫はそれを信じて、「目をかけてやっていたのに、なんてやつだ」と、かま猫に怒ってしまいます。

そこにようやく病み上がりでかま猫がやってくると、事務長さんを含め、全員がかま猫を無視しちゃうんですね。

川野　無視ですか……。なんだか現代的でリアルですね。

頭木　病み上がりでがんばって行ったのに、みんなから無視されるし、おはようと言ってもあいさつも返してもらえないし。机の上を見たら、仕事に絶対必要なものがないわけです。だからなんの仕事もできず、ただ茫然と座って、それでかま猫はしくしく泣きだしてしまうんですね。それでもみんなは知らない顔で、楽しそうに仕事をしているんです。

川野　なんだか、童話とは思えませんね。
頭木　そんな様子を窓から獅子、ライオンが見ていたんです。
川野　で、「お前たちは何をしてゐるか」というところに結びつくわけですね。
頭木　そうです。それで、もうやめてしまえと。解散を命ずるというので、事務所が廃止になってしまうというのがラストなんです。
川野　それで終わりですか？
頭木　終わりなんです。でも、最後の最後に、書き手、つまり宮沢賢治が出てきて、「ぼくは半分獅子に同感です」と言うんです。
　半分なんですよね。これ、ちょっと不思議じゃないですか？
川野　わからないです、これは。なぜ半分なんですか？　まさに今の会社のパワハラ、差別、いじめの問題そのままですよね。そういうことがあったときに、獅子が現れて解散って言ってくれたら、痛快、痛快って——。
頭木　そうですよね。それなのに、なぜ半分だけしか賛成してないのか。いろんな説があるようなんですけど。一つには、解散というのは根本的な解決にならないと。パワハラとか差別とかいじめが、解散によって解決したわけじゃないですよね。そういうことができる場がなくなるというだけで。しかも、かま猫もそれで職を失うじゃないですか。被害者だった人も、加害者と一緒に職を失っちゃうわけです。それで半分なんじゃないかという説もあるようなんですけど。

ただですね、それだけなのかなとも思うんですよね。この『猫の事務所』には、じつは草稿、つまり完成原稿の前の下書き的なものがあって、それだと、ラストに出てきた作者、宮沢賢治のコメントがちがうんですよ。

川野　どう言っているんでしょう?

頭木　草稿ではこうなっているんです。

みんなみんなあはれです。かあいさうです。
かあいさう、かあいさう。

（『校本　宮沢賢治全集』第八巻　筑摩書房）

「みんな」ですから、かま猫だけじゃないわけですね。他の三匹の猫もかわいそうだと言ってるんです。

川野　いじめやパワハラをしていた猫たちもかわいそうだと言うんですか？

頭木　はい。事務長の黒猫もかわいそうだと。さらには、この獅子もかわいそうだと。

パワハラや差別やいじめの被害者だけじゃなく、加害者も、黙認した人も、それを叱りつけた人も、全員がかわいそうって言うんですね。

これはどういうことなんでしょうね？

私が思うには、誰の心の中にも、加害者側の気持ちもあるということではないでしょうか？　そういうことをしてしまいかねないものを誰しも心の中に持ってしまっている。傍観者になってしまう気持ちもある。

それは獅子にしても同じことで、一方的に、「お前たちは何をしてゐるか」などと言えるのかどうか。罪のない者だけが石を投げろと言われたら、誰も本当は投げられないわけですね。

そのことが、かなしいのではないでしょうか？

だから、「みんなみんなあはれです。かあいさうです。かあいさう、かあいさう」と書いたのではないでしょうか。

そんな人間のかわいそうさを描き、なんとかそうでないようになれないものか、そういう願いではないでしょうか。

「ぼくは半分獅子に同感です」というのは、自分は半分は被害者の側だが、半分は加害者の側だ。だから、全面的に裁くことはできない、石を投げることはできない、ということではないでしょうか?

川野　宮沢賢治は、被害者側になることが多かったでしょうに、そういうふうに書けるというのは、すごいことですね。

頭木　本当にそうですね。全面的に加害者側の猫たちを責めて終わるより、「ぼくは半分獅子に同感です」というほうが、ずっと深いですよね。

川野　この童話は、むしろ大人のほうが、共感する人が多いかもしれませんね。

頭木　私は病人ですから、かま猫が病気で休んで、病み上がりで会社に行ったときに、様子がガラッと変わっていて、みんなが冷たくて、仕事もなくなっているというのは、すごく共感というか、ぐっときますね。

かま猫が、寒がりという身体的な、どうしようもない理由で、黒く汚れていて、そのせいで差別されるというのも、こたえますね。

私自身も、病気のせいで差別されたことはありますし、仕事をなくしたこともあります。

でも、もし自分が健康なままだったら、そういう人達への同情って、きっとなくて、「病人は面倒くさい」「いつ休むかわからないから、大事な仕事はまかせられない」とか、多分、そんなことを思ってしまっていたんだろうと思います。

川野　ええ。じつは私も、いじめたほうに加担した記憶があります。

頭木　それは意外ですね！　川野さんに、そんなご経験がおありですか？

川野　あります。小さい時です。学校に上がる前かな。近所に身体の不自由な子がいまして。右足か左足か不自由なんですね。いわゆる普通の歩行ができない。そういう自分たちとはちがう者に対して、みんな、はやしたりするんですね。普通に歩けないとか走れないということを、差別するんですね。それを「よくないよ」って止めるんじゃなくて、はやしているほうに混じっていました。それで後々、やっぱり気持ちが咎《とが》めたという記憶があります。

頭木　そうなんですか。失礼ですけど、今、川野さん、足が少しご不自由になられてますが、その子の気持ちが今になってちょっとわかるようなこともおありですか？

川野　わかる気がします。ただ、生まれた時からそういう身体だった子に対して残酷な仕打ちをしていたと。今から思い起こして。

自分が加担している時から、これは良くないよなというふうには、どこかで思っているんですね。でもみんながそうやってる中で、自分だけちがう行動をなかなかとれないというような弱さもありまして。ですから、そういうようなことは決してしてしてはいけないないなというふうに、少し大人になって、思うようになりました。

頭木　よくお話ししてくださいましたね。ありがとうございます。

経験から学んだり、『猫の事務所』のような物語を読んだりすることで、少しでもましな人間になっていきたいですね。

川野 さて、今回も頭木さんに、「絶望音楽」を選んでいただいています。

頭木 はい。バッハの「G線上のアリア」です。

宮沢賢治で、どうしてこの曲かというと、宮沢賢治の有名な詩に『永訣の朝』があります。二つ違いの妹のとし子が二十四歳の若さで肺結核で病死したときに、その死を悼んで作られた詩です。その『永訣の朝』を書くときに、宮沢賢治はバッハの「G線上のアリア」を聞きながら書いたんじゃないかとも言われているんです。さらには、「G線上のアリア」の演奏時間に合わせて朗読すると、ぴったり同じ長さになるように書かれているんじゃないか、という説もあるんです。

宮沢賢治がそのとき聴いていた「G線上のアリア」が、誰の演奏だったのかということまでわかっています。チェロの神様と言われているパブロ・カザルスの演奏です。「G線上のアリア」は普通ヴァイオリンで演奏されますが、それをチェロで演奏しているんですね。宮沢賢治はチェロを習っていましたし、カザルスが好きだったようです。SP盤ですから、かなり古い音源ですが、とても味のある、いい演奏ですよ（EMIミュージック・ジャパンの『カザルス　チェロ小品集』というCDに収録）。

というわけで、宮沢賢治が最初に書いた『永訣の朝』の初版を、パブロ・カザルスの演奏に合わせて、川野さんに朗読していただきたいと思います。

お願いします！

「永訣の朝」

けふのうちに
とほくへいつてしまふわたくしのいもうとよ
みぞれがふつておもてはへんにあかるいのだ
（あめゆじゆとてちてけんじや）
うすあかくいつそう陰惨《いんざん》な雲から
みぞれはびちよびちよふつてくる
（あめゆじゆとてちてけんじや）

青い蓴菜《じゆんさい》のもやうのついた
これらふたつのかけた陶椀《たうわん》に
おまへがたべるあめゆきをとらうとして
わたくしはまがつたてつぽうだまのやうに
このくらいみぞれのなかに飛びだした
（あめゆじゆとてちてけんじや）
蒼鉛《そうえん》いろの暗い雲から
みぞれはびちよびちよ沈んでくる
ああとし子
死ぬといふいまごろになつて
わたくしをいつしやうあかるくするために
こんなさつぱりした雪のひとわんを
おまへはわたくしにたのんだのだ
ありがたうわたくしのけなげないもうとよ
わたくしもまつすぐにすすんでいくから

（あめゆじゆとてちてけんじや）
はげしいはげしい熱やあへぎのあひだから
おまへはわたくしにたのんだのだ
　銀河や太陽　気圏などとよばれたせかいの
そらからおちた雪のさいごのひとわんを……
……ふたきれのみかげせきざいに
みぞれはさびしくたまつてゐる
わたくしはそのうへにあぶなくたち
雪と水とのまつしろな二《に》相系《さうけい》をたもち
すきとほるつめたい雫《しずく》にみちた
このつややかな松のえだから
わたくしのやさしいいもうとの
さいごのたべものをもらつていかう
わたしたちがいつしよにそだつてきたあひだ
みなれたちやわんのこの藍のもやうにも

もうけふおまへはわかれてしまふ
（Ora Orade Shitori egumo）
ほんたうにけふおまへはわかれてしまふ
あああのとざされた病室の
くらいびやうぶやかやのなかに
やさしくあをじろく燃えてゐる
わたくしのけなげないもうとよ
この雪はどこをえらばうにも
あんまりどこもまつしろなのだ
あんなおそろしいみだれたそらから
このうつくしい雪がきたのだ
　（うまれでくるたて
　　こんどはこたにわりやのごとばかりで
　　くるしまなあよにうまれてくる）
おまへがたべるこのふたわんのゆきに

わたくしはいまこころからいのる
どうかこれが天上のアイスクリームになつて
おまへとみんなとに聖い資糧《かて》をもたらすやうに
わたくしのすべてのさいはひをかけてねがふ

（「春と修羅」『宮澤賢治全集 第二巻』筑摩書房）

頭木　ありがとうございました！　意外にテンポが速いんですね。驚きました。

川野　はい。「Ｇ線上のアリア」が三分四十秒ほどなんですけれども、これに合わせて、この中でおさまるように読むと、こういうスピードになるんです。

頭木　そうなんですね。かなり意外で、発見でした。

そういえば、宮沢賢治は原稿を書くのもずいぶん早かったみたいで、字が原稿用紙をはみ出して躍るような激しい書き方もしていたようです。ひと月に三千枚くらい書いていたときもあったはずですから、そうすると一日百枚近いですよね。

宮沢賢治の絶望名言 4

「ほんとうのさいわい」とは？

「カムパネルラ、また僕たち二人きりになったねえ、どこまでもどこまでも一緒に行こう。僕はもうあのさそりのようにほんとうにみんなの幸《さいわい》のためならば僕のからだなんか百ぺん灼《や》いてもかまわない。」

「うん。僕だってそうだ。」カムパネルラの眼にはきれいな涙がうかんでいました。

「けれどもほんとうのさいわいは一体何だろう。」ジョバンニが云《い》いました。

「僕わからない。」カムパネルラがぼんやり云《い》いました。

（『新編 銀河鉄道の夜』新潮文庫）

頭木　『銀河鉄道の夜』は、ご存じの方も多いでしょうが、少年ジョバンニが、友人のカムパネルラと一緒に銀河鉄道で旅をする物語です。

　ジョバンニが持っている切符は、どこまでも行ける特別な切符なんです。どこまでも行って、何をさがすのかというと、ここにも出てくるように、「ほんとうのさいわい」です。

「ほんとうのさいわい」とはいったい何なのか？　これは宮沢賢治のすべての作品の根底にあるテーマかもしれません。そのテーマが、銀河鉄道という美しいイメージと一体になっていて、じつに素敵ですね。

川野　ジョバンニが「僕はもうあのさそりのように」と言っていますが、これはどういうことでしょうか？

頭木　この前のところで、さそりの話が出てくるんです。どういう話かというと、さそりがいて、いろんな虫を殺して食べて生きているわけです。ところがある日、今度は自分がいたちに食べられそうになって、必死になって逃げて、井戸に落ちてしまいます。井戸の中で溺れながら、さそりはこう言うんです。

「ああ、わたしはいままでいくつのものの命をとったかわからない、そしてその私がこんどいたちにとられようとしたときはあんなに一生けん命にげた。それでもとうとうこんなになってしまった。ああなんにもあてにならない。どうしてわたしはわたしのからだをだまっていたちに呉《く》れてやらなかったろう。そしたらいたちも一日生きのびたろうに。どうか神さま。私の心をごらん下さい。こんなにむなしく命をすてずどうかこの次にはまことのみんなの幸《さいわい》のために私のからだをおつかい下さい」

頭木　ずっと食べる側だったわけですが、自分が食べられる側になったときに、はじめて、食べられる側の気持ちがわかったんですね。

そして、溺れて死ぬんだと、もう本当にただ死ぬだけです。それだったら、いたちに食べられていたほうが、いたちがそれで一日でも生き延びられたはずだと。こんなにむなしく命を捨てるんじゃなく、誰かのために死にたいというふうに思うんですね。

するとサソリの身体は「まっ赤なうつくしい火になって燃えてよるのやみを照らして」いたんです。つまり、空の星になれたんです。さそり座ということでしょうね。

「どうしてわたしはわたしのからだをだまっていたちに呉《く》れてやらなかったろう。そしたらいたちも一日生きのびたろうに」というのは、自己犠牲の精神ですね。その精神が美しいから、空の星になれたわけです。

このサソリの話をするのは、乗車してきた女の子なんですが、弟と家庭教師の青年と三人連れです。三人はじつはもう死んでいて、それは乗っていた客船が氷山に衝突して沈んだからなんです。どうやらタイタニック号らしいんですけど。ボートに乗って助かることもできたんですが、他の小さな子どもたちを押しのけて自分たちが助かることはできなかったんです。つまり、他の子どもたちを助けるために、自分たちの命を捨てたという自己犠牲です。

この「自己犠牲」ということは、宮沢賢治の作品の多くに出てきます。

最初にご紹介した『グスコーブドリの伝記』という童話でも、お話の最後で主人公のグスコーブドリは、みんなのために自分の命を捨てます。異常低温による凶作から大勢の人々を救うため、自らの命を投げうって火山を爆発させます。

川野　そうすると、「自己犠牲」こそが「ほんとうのさいわい」なんでしょうか？

頭木　そう思いますよね。ジョバンニは「僕はもうあのさそりのようにほんとうにみんなの幸《さいわい》のためならば僕のからだなんか百ぺん灼《や》いてもかまわない」と言いますし、カムパネルラも「うん。僕だってそうだ」と言うわけですから。

ところが、そう二人で言いあって、「ほんとうのさいわい」はこれだ、みたいになったところで、ジョバンニは、もう一回、こう問うんですね。「けれどもほんとうのさいわいは一体何だろう」。そうするとカムパネルラは「僕わからない」と、ぼんやり答えるわけです。この展開はすごいと思うんです！

自己犠牲こそがほんとうのさいわいだ、美しいものだって言ったのに、言ったとたん、でも本当にそうなのかなって、また迷いが出てくるわけですね。で、カムパネルラも「僕わからない」。この「僕わからない」って、すごいですよね。『銀河鉄道の夜』を読んでない方もいらっしゃるでしょうから、あまり詳しくは言えませんが、カムパネルラは、じつはもう自己犠牲をしているんですね。なのに、「僕わからない」って言ってるわけです。これはとても重い返事ですよね。

けっきょく、「ほんとうのさいわい」はこれだと、いくら追い求めてみても、「けれどもほんとうのさいわいは一体何だろう」って、もう一回問い直さずにはいられないし、そうしてみると、やっぱり「僕わからない」って答えるしかない。

宮沢賢治は手帳に、こういうふうに書いているんです。

あらたなる
よきみちを得しといふことは
たゞあらたなる
なやみのみちを得しと
いふのみ

（「王冠印手帳」『宮沢賢治全集10』ちくま文庫）

これが真実の道だ、「ほんとうのさいわい」への道だと知ることができても、でもそれは新たな悩みの道を知ったということなんだと。これがいいんだと思っても、でも本当にそうなのかなと常になる。悟《さと》りに到達して、悟りきってしまうのではなく、到達したかと思っても、また迷ってしまう。決して到達できない。どこまでも行ける切符で永遠に旅を続け、いつまでも求め続けるしかない。到達はできないけれども、それでもやっぱり「ほんとうのさいわい」を求め続ける。決してやめない。

なかなかできることではないですよね。

悟りに到達しちゃわないところが、すごいと思うんです。これがほんとうのさいわいですよって、何かに到達してしまえば、ある種、楽なわけですよね。でも、宮沢賢治はそうはできない。どうしてもそこで迷う。それは逆にすごいことだと思うんです。

川野さんはいかがですか。日常で、何か、ああこれがさいわいだなと思ったようなことは、おありですか？

川野　この歳になってみれば――もう七十代ですけれども私は――朝起きて、手が動き、水も飲めるということに幸せを感じます。

頭木　ああ、水が飲めることに幸せを。そうですよね、わかります。私も、さいわいというか、幸福というか、そういうもののハードルは、ものすごく下がりました。

川野　下がると言いますと？

頭木　病気をする前は、幸せというのは、そうとう大きいことを考えるわけです。人生にめざましいことがあって、大成功するとかですね。山で言えばエベレストに登頂するとかね。そういうレベルのことを考えるわけですよ。

ところが病後はもう、幸せのハードルがすごく低くなって。朝起きて、どこも痛くなかったりすれば、大変な幸せを感じるわけですね。

川野　ああ、なるほど。ハードルが下がるというのは、そういうことですね。

頭木　はい。ハードルの高さによって、感じる幸せともずいぶん差があると思います。健康な人なら、朝起きてどこも痛くないなんていうのは、幸せともなんとも思わないし、むしろ、ああ、またいつもと同じ朝だぐらいしか思わないでしょうから。

川野　たしかに、そうですね。私もずいぶんハードルが下がったと思います。

頭木　それがいいことなのかどうかはわかりませんけどね。幸福を感じやすいというのは、幸福ではないことなのかもしれません。

僅《わず》かばかりの才能とか、器量とか、身分とか財産とかいふものが何かじぶんのからだについたものででもあるかと思ひ、じぶんの仕事を卑《いや》しみ、同輩を嘲《あざ》けり、いまにどこからかじぶんを所謂《いわゆる》社会の高みへ引き上げに来るものがあるやうに思ひ、空想をのみ生活して却《かえ》って完全な現在の生活をば味ふこともせず、幾年かが空しく過ぎて漸《ようや》くじぶんの築いてゐた蜃《しん》気《き》楼《ろう》の消えるのを見ては、たゞもう人を怒り世間を憤《いきどお》り従《したが》って師友を失ひ憂悶病を得るといったやうな順序です。

（柳原昌悦あて封書一九三三年九月十一日『宮沢賢治全集9』ちくま文庫）

川野　これは今残っている宮沢賢治の最後の手紙で、亡くなる10日前に、元の教え子に宛てて書いた手紙の一節です。

頭木　非常に痛切な内容ですね。若いうちは、人生に何かめざましいことが起きてくれそうな気がするんですよね。でも、なかなか何も起きてくれません。そして、年数だけはどんどん経っていって、いろんなことが無理になっていきます。宮沢賢治は結核という重い病気になってしまったわけですから、本当に辛《つら》かったろうと思います。

病気になってから宮沢賢治は、文語詩——話し言葉ではなく、昔の書き言葉による五七調や七五調の定型詩を書いています。その冒頭にこうあります。

いたつきてゆめみなやみし

（「文語詩稿　五十篇」『新修 宮澤賢治全集　第六巻』筑摩書房）

これは「病気になってしまい、夢はみんな終わった」という意味なんです。

私も二十代三十代をずっと病気で過ごして、なんとか社会に出られるようになったときには、もうある程度の年齢になっていて、そこから初めて社会に出るってなかなか難しくて。ふとトイレに行ったりしたときに、ああ、自分の人生って、これだけなんだなあ、もうこの歳では何も起きないんだなあと思うと、つい涙が出たりしました。

宮沢賢治の場合、童話を書いたり詩を書いたり、それにかけてきたわけですが、このとき三十七歳で、病気で弱って、まだ認められていないわけですから、やっぱり、夢がかなわなかったように感じて、むなしかったのかもしれないですね。

この宮沢賢治の最後の手紙には、続きにこういう一節もあります。

風のなかを自由にあるけるとか、はっきりした声で何時間も話ができるとか、じぶんの兄弟のために何円かを手伝へるとかいふやうなことはできないものから見れば神の業《わざ》にも均《ひと》しいものです。そんなことはもう人間の当然の権利だなどといふやうな考では、本気に観察した世界の実際と余り遠いものです。

これはもう、私みたいな病人には、共感しすぎて泣けてきてしまいます。外を自由に歩いて風を感じるとか、はっきりした声で何時間も話をするとか、健康ならなんでもないことですよね。

でも、「できないものから見れば神の業《わざ》にも均《ひと》しいものです」。ここは本当にしびれます。

「そんなことはもう人間の当然の権利だなどというふやうな考《かんがえ》では、本気に観察した世界の実際と余り遠いものです」と。

普通と思われていることが、じつはどれほど貴重で奇跡的なことか、いったん失ってしまうと神の業に思えてしまうほどだということに、宮沢賢治は気づくわけですね。

これはただの弱音ではなく、弱くなったことで、より真実に気づいているわけです。

川野　私もここのところを特に敏感に感じました。「風のなかを自由にあるける」、いいなあと思いました。右足が少し不自由ですからね。

頭木　私も病気した直後は、短期間に極度に痩《や》せたので、風が吹くと、こけそうになりました。まるで紙切れみたいに飛ばされやすくて。二十歳の若者だったのに。声も、やっぱり弱ると出なくなるんですよね、息切れしちゃって。

川野　宮沢賢治の手紙にはさらに続きがあります。

どうか今のご生活を大切にお護り下さい。上のそらでなしに、しっかり落ちついて、一時の感激や興奮を避け、楽しめるものは楽しみ、苦しまなければならないものは苦しんで生きて行きませう。

頭木　元教え子に対して、病気をした宮沢賢治が、こう語っているわけです。今の生活をあたりまえの平凡でつまらないものと思わず、奇跡的な貴重なものだと思って、先のことを空想して今の生活を味わわないようなことはせず、しっかり生きろと。

そして、ここがすごいと思うのですが、「楽しめるものは楽しみ、苦しまなければならないものは苦しんで生きて行きませう」と言っているんですよね。楽しめるうちに楽しんでおきなさいっていうのは、みんな言いますけれど。苦しまなければならないものは苦しんで生きていきましょうなんて言う人は、なかなかいないですよね。

しかも、まさに病気で苦しんでいる最中なんですから、なかなか言えることではありません。

イーハトーブでは、「かなしみでさえそこでは聖《きよ》くきれいにかがやいている」という、宮沢賢治自身の言葉を思い出しますね。まさにそういう人生の最期を生きたんじゃないかなと思います。

川野　頭木さんにとって、宮沢賢治の絶望名言とは、どういうものでしょうか？

頭木　宮沢賢治が亡くなったのが一九三三年で、これは黒柳徹子さんがお生まれになった年なんですね。黒柳徹子さんは今も元気に活躍していらっしゃいますが、それぐらいの年数で、ほとんど無名だった宮沢賢治が、今では誰でも知っていますよね。熱心なファンもたくさんいて。

これはすごいことだと思うんです。

それは、先にも言いましたが、宮沢賢治が「ほんとうのさいわい」を求め続けて、でも到達していないからだと思うんです。

私たちは、どうしたって、手近な幸福で手を打つしかないですよね。それさえ、なかなか手に入るものではありません。

でも、宮沢賢治は「ほんとう」を求め続けるんです。亡くなっても、なお銀河鉄道に乗って、さがし続けている感じがします。

それが宮沢賢治の魅力なのではないでしょうか。

宮沢賢治　ブックガイド

『宮沢賢治全集』
全10巻
ちくま文庫

文庫の全集ながら、宮沢賢治の全作品が収録されているだけでなく、異稿、書簡、手帳、ノート、メモ、講議用草稿「農民芸術概論」まで収録されているという充実ぶり。

『宮沢賢治の真実
修羅を生きた詩人』
今野 勉
新潮文庫

テレビのドキュメンタリーの演出家として高名な著者が、宮沢賢治について綿密に調査をしたノンフィクション。その執念と調査力に圧倒される。第15回蓮如賞を受賞。

『宮澤賢治　ある
サラリーマンの生と死』
佐藤竜一
集英社新書

肥料の炭酸石灰、建築用壁材料のセールスマンとしての宮沢賢治に着目した本。NHKの「歴史秘話ヒストリア」でも取り上げられた。著者は宮沢賢治学会前副代表理事。

『宮沢賢治の元素図鑑
作品を彩る元素と鉱物』
桜井 弘・著　豊 遥秋《ぶんのみちあき》・写真
化学同人

科学者としての宮沢賢治に着目した本。幼いころ「石っこ賢さん」と呼ばれるほど石に熱中し、その作品には多くの元素や鉱物が登場。それを写真とともに紹介してある。

あとがき

『絶望名言』ができるまで

NHKエデュケーショナル・プロデューサー
根田《こんだ》知世己《ちよこ》

二〇一五年秋、私はカフカの『城』という小説に挫折《ざせつ》しました。

しかし、この挫折が新番組を生むことになったわけですから、人生わからないものです。入門書を探して出会ったのが『絶望名人カフカの人生論』(頭木弘樹編・訳/新潮文庫)です。

「将来にむかって歩くことは、ぼくにはできません。
将来にむかってつまずくこと、これはできます。
いちばんうまくできるのは、倒れたままでいることです」

思わずふき出しました。特技が「つまずくこと」で、最大のセールスポイントが「倒れたままでいること」。なんと奇抜な自己紹介！　カフカ、見事な自虐っぷりです。

でもこの本の一番の面白さは、カフカの名言を編集・翻訳をされた頭木さん本人だと思いました。カフカの作品からネガティブな名言を掘り起こし、「絶望名人」というキャッチコピーでデビューさせてしまったのですから。頭木さんがどのようにカフカと出会い、なぜカフカの名言を薦めるようになったのか、知りたいと思いました。そこで企画したのが『絶望したらカフカを読もう』という番組です。

頭木さんにお送りした企画書にはこう書いてあります。

「主役と主語は、頭木さん。カフカを『絶望名人』として発掘した頭木さんの視点を前面に出してください。客観的な解説ではなく主観丸出しで頭木さんから見たカフカを語ってください」

頭木さんはこの依頼にずいぶん悩まれたようです。リスナーが聴きたいのはカフカの話であって、自分の思いや個人的な体験を語ったところで聴きたがる人はいないと考えたそうです。でも、私はここだけはゆずれないと思いました。もちろんカフカの言葉はそれだけで心を動かす力があります。でもそれだけではないと思うのです。カフカの名言と頭木さんの視点が結びつくから面白いのです。カフカの人生と、その名言を切実に求めざるをえなかった頭木さんの体験、感情が共鳴したとき、カフカの言葉がさらなる力を持つと思ったのです。

何かにつけてカフカの後ろに隠れようとする頭木さんを「共感してくれる人は必ずいるから」と説得し、番組では頭木さんが二十歳で難病・潰瘍性大腸炎になったことからお話しいただきました。突然、体の自由がきかなくなった時、カフカの代表作『変身』がリアルに感じられたこと、明るくポジティブな本が読めなくなりカフカを読むようになったこと、そして十三年間に及んだ療養生活の支えとなったカフカの名言をご紹介いただきました。こうして出来上がった番組『絶望したらカフカを読もう』は、二〇一五年十二月に「ラジオ深夜便」で放送されました。

新たな展開があったのはその半年後、「もう一度聴きたい」という声に応えて再放送した時のことです。頭木さんのお話が録音で流れた後、その日の進行を担当していた川野一宇アンカーが「こういうお話は、特に病院のベッドの上でお休みになっている方、あるいはご自宅で療養してらっしゃる方、そこまで至らなくても心に悩みを持っている方、たくさんいらっしゃいましょう。そういう方々の胸に届く内容ではないでしょうか」と話されたのです。川野さんにお礼のメールを送ったところ、返信をいただきました。

「私は脳梗塞に倒れ、一昨年の12月から去年の2月にかけて入院し、眠れぬ夜にラジオを聞いていました。このまま死ぬこともあるかもしれないと思ったこともあり、(今でもそう思っていますが) そういう自分の体験とも重なって、あのような言葉になったのかなと考えています」

自分の話として受け止めてくださったのが嬉しく、川野さんの許可を得て頭木さんにこれをお伝えすると、

「自分が入院していたとき、消灯後にラジオを聴いていた、たくさんの人達を思い出しました。それで放送で川野さんの言葉を聴きながら、じつはうるっときてしまいました」

とメールをいただきました。

これがきっかけとなり、私が二人のメールを仲介する形でしばらく三人で文通らしきことをしているうちに「このやりとりをそのまま番組にしたらどうだろう」と思ったのです。そうして二〇一六年冬に出来上がったのが『絶望名言』という番組です。

番組で紹介する「絶望名言」とは「絶望した時の気持ちをぴたりと言い表した言葉」です。三人がそれぞれ作品を読んで心にしみた名言をピックアップし、川野さんが朗読。名言を読みときながら、頭木さんと川野さんが対話していきます。

しかし、番組の軸が固まるまでには時間がかかりました。番組は「古今東西の文学作品の中から絶望を描いた言葉を紹介し、生きるヒントを探す」という文言で始まります。実はこれを書いた時、迷いがありました。「生きるヒント」としていますが、実際には生きることを無条件の前提に制作していないからです。

病気、事故、災害、死別、失業、失恋……。

受け入れがたい現実に直面すると、息を吸うことすら苦しくなります。そうした時に「生きていこう」と思うのはとてもとても難しいことです。

たとえドラスティックな出来事がなくても、何度も同じ失敗を繰り返す自分に絶望したり、周りの人が立派に見えて自分には生きる価値すらないと思うこともあります。努力しても結果がでないことも、いくら心を尽くしても人に裏切られることもあります。この先とても生きていけないと思うことはしょっちゅうです。だからこの番組を作っているのです。

現に日本では年間二万人以上の方々が自ら命を絶っています。その方々を否定したくありません。同じく生きづらさを感じている心の友ですから。けれども辛く、悲しい。心が通う方がいなくなってしまうから。

つまり、

自殺をどう考えるか。

これが問われることになったのは、芥川龍之介の回でした。川野さんが選んだ名言は正面から自殺を扱ったもの、頭木さんは芥川の遺書でした。ここでどんな話をするのか、打ち合わせでは結論が出ず、「自殺された方を否定しない」ことだけを決めて、収録に臨みました。ところが二人は名言の感想だけで無難に話をまとめそうになっています。とっさにスタジオに入って「本当はもっと聞きたいことがあるんじゃないですか？」と投げかけてみました。私の剣幕に押されてでしょうか、頭木さんから出たのは「自殺を考えたことはありますか？」という問いかけでした。そうして始まった対話の末に、

「いくら生きたいと思っていても、死が救いに思われるほど辛い現実がある」

という言葉が飛び出しました。
そしてこの時、番組の軸が定まったのです。

死が救いに思われるほどの絶望をすくいとって言葉にしていく。

手がかりは文豪たちが遺《のこ》した名言と、自分たちの絶望体験。
文豪たちの絶望を自分に重ね合わせて読みときながら、自分が何につまずき、何に絶望しているのか、言葉にしていきます。そのため名言が心に響いたときの状況やその時の気持ちを詳しく話していただくようにしています。救急車で病院に運び込まれた時に考えていたこと、病気のために初めて大人用の紙おむつを使った時の気持ち、脳梗塞で不自由になった脚のリハビリを続けながら思うこと……。

はたしてこうした話が受け入れられるのか、二人の不安が伝わってくることがあります。しかし、一人の体験、一人の苦しみは、一人だけのものでしょうか？　文豪たちの絶望名言がそうであるように、一人の苦しみを突きつめると普遍性を持つものです。この番組はそのプロセスの実践です。それは文豪とコラボして、自分の絶望にあわせてカスタマイズした新たな絶望名言をつくっていく試みでもあります。

その一方で、すべての絶望が言葉にできるわけではなく、「言葉で表現できない絶望」もあることも伝えていきます。言葉を超える絶望が確かにある、その事実に謙虚でありたいと思っています。

もちろん言葉にしたところで目の前の現実が変わるわけでもなく、即座に解決策が見つかるわけでもありません。

でも言葉にすると、ほんの少しですが絶望と距離が生じます。そしてその間にかすかに風がそよぐ、ちょっとやわらぐ、それが「絶望名言」だと思っています。依然として絶望の中にあっても、この番組を聴いて、あと一回くらい息を吸ってもいいかなと思っていただけたら幸いです。

制作にあたっては「ラジオ深夜便」の中村豊、宮本愛子・両プロデューサーに助言をいただきました。「よくこんなネガティブな企画が通りましたね」と言われることが多いのですが、反対は全くありませんでした。それどころか「今こそこの番組が必要だ」と後押ししてくださり、どんなに心強かったかわかりません。

ご出演の頭木弘樹さん、川野一宇さん、文豪たちの名言とお二人の人生が響きあい、新たな言葉が生まれる、その場に立ち合えるのはディレクターとして無上の喜びです。そうして生まれた言葉は多くの人とつながり、支えあうだけでなく、社会を変える祈りになっていくと信じています。

最後になりましたが「絶望名言」にご興味を持ってくださったみなさま、本当にありがとうございました。みなさまのことばに支えられ、生かされております。心より感謝申し上げます。

頭木弘樹

かしらぎ・ひろき

文学紹介者。筑波大学卒。
大学三年の二十歳のときに難病になり、十三年間の闘病生活を送る。
そのときにカフカの言葉が救いとなった経験から、
『絶望名人カフカの人生論』（新潮文庫）を編訳。
さらに『絶望名人カフカ×希望名人ゲーテ　文豪の名言対決』（草思社文庫）
『ミステリー・カット版 カラマーゾフの兄弟』（春秋社）を編訳。
著書に『カフカはなぜ自殺しなかったのか？』（春秋社）
『絶望読書』（河出文庫）、『食べることと出すこと』（医学書院）
『自分疲れ』（創元社）。名言集に『366日 文学の名言』（共著、三才ブックス）。
アンソロジーに『絶望図書館』『トラウマ文学館』『うんこ文学』
（いずれもちくま文庫）、『絶望書店　夢をあきらめた9人が出会った物語』
（河出書房新社）、『ひきこもり図書館』（毎日新聞出版）がある。
単行本の『NHKラジオ深夜便　絶望名言』
『NHKラジオ深夜便　絶望名言2』（飛鳥新社）も。

川野一宇

かわの・かずいえ

アナウンサー。東京大学卒業。1967年、NHK入局。
佐賀、名古屋、東京、京都、仙台、福岡などに勤務。
京都では表、裏、武者小路千家、藪ノ内など各流派の茶の湯の番組を手がけた。
2000年から17年間ラジオ深夜便の司会をつとめ、
歴史のコーナーでは数多くの研究者、小説家などにインタビューを重ねる。
またスウィングからモダンまでのジャズとクラッシック音楽を好み、
放送に生かす。2016年からは『絶望名言』を担当。

根田知世己

こんだ・ちよこ

NHKエデュケーショナル・プロデューサー

東京外国語大学卒業

2002年　NHK入局

2014年-2018年　『ラジオ深夜便』担当

制作番組に『今日は一日“サッチモ”三昧』、『春風亭昇太のレコード道楽』、『蓄音機ミュージアム』、『トキメキ☆源氏絵巻』、『らじるの時間』、『らじる文庫』、『中学生の基礎英語 レベル2』、『中高生の基礎英語 in English』など。

NHK〈ラジオ深夜便〉制作班
（収録回放送当時）

アナウンサー・川野一宇

ディレクター・根田知世己

プロデューサー・宮本愛子

プロデューサー・浦田典明

放送年月日

第1回　カフカ　2016年8月23日

第2回　ドストエフスキー　2016年11月8日

第3回　ゲーテ　2017年1月24日

第4回　太宰治　2017年4月24日

第5回　芥川龍之介　2017年6月26日

第6回　シェークスピア　2017年8月28日

第7回　中島敦　2017年10月30日

第8回　ベートーヴェン　2017年12月25日

第9回　向田邦子　2018年2月26日

第10回　川端康成　2018年4月23日

第11回　ゴッホ　2018年6月25日

第12回　宮沢賢治　2018年8月27日

NHKラジオ深夜便
絶望名言［文庫版］

2023年4月28日　第1刷発行
2025年1月31日　第6刷発行

著者
頭木弘樹
NHK〈ラジオ深夜便〉制作班
川野一宇
根田知世己

発行者
矢島和郎

発行所
株式会社飛鳥新社
〒101-0003　東京都千代田区一ツ橋2-4-3　光文恒産ビル
電話 03-3263-7770（営業）03-3263-7773（編集）
https://www.asukashinsha.co.jp

装丁／鈴木千佳子　校正／ハーヴェスト
編集協力／品川亮　協力／NHK財団
印刷・製本／中央精版印刷株式会社

日本音楽著作権協会（出）許諾第230216033-01

ISBN 978-4-86410-952-9　©Hiroki Kashiragi , NHK.2023, Printed in Japan

編集担当／内田威